宇宙穿越之旅

美国世界图书出版公司（World Book, Inc）著

舒丽苹　译

机械工业出版社
CHINA MACHINE PRESS

我们的宇宙就是我们的全部，它不仅包括我们仰望天空时看到的所有，还包括浩瀚无垠的空间中的一切。根据某些证据，宇宙开始于大爆炸，并在须臾之间膨胀到整个星系一般的大小。时至今日，宇宙依然处在不断膨胀的过程中，随着宇宙的演化和成长，物质逐渐聚集到一起形成行星、恒星等天体，而地球上的某些物质，也逐渐形成了植物以及人类。本书将带你穿越时空，向神秘的宇宙深处进发，探索宇宙的奥秘。

北京市版权局著作权合同登记　图字：01–2019–2314号。

图书在版编目（CIP）数据

宇宙穿越之旅 / 美国世界图书出版公司著；舒丽苹译 . — 北京：机械工业出版社，2019.8（2023.10重印）
书名原文：A Cosmic Tour
ISBN 978–7–111–63143–9

Ⅰ. ①宇… Ⅱ. ①美…②舒… Ⅲ. ①宇宙 – 普及读物 Ⅳ. ①P159–49

中国版本图书馆 CIP 数据核字（2019）第 131298 号

机械工业出版社（北京市百万庄大街22号　邮政编码100037）
策划编辑：赵　屹　责任编辑：赵　屹　韩沫言
责任校对：雕燕舞　责任印制：孙　炜
北京利丰雅高长城印刷有限公司印刷
2023年10月第1版第10次印刷
203mm × 254mm · 4印张 · 2插页 · 56千字
标准书号：ISBN 978–7–111–63143–9
定价：49.00元

电话服务　　　　　　　　网络服务
客服电话：010-88361066　　机 工 官 网：www.cmpbook.com
　　　　　010-88379833　　机 工 官 博：weibo.com/cmp1952
　　　　　010-68326294　　金 书 网：www.golden-book.com
封底无防伪标均为盗版　　机工教育服务网：www.cmpedu.com

目 录

序 · 4

前言 · 6

什么是宇宙? · 8

宇宙的大小和形状是怎样的? · 10

关注: 光的秘密 · 12

天文学家们如何通过红移来判断距离的远近? · · · · · · · · · · · 14

宇宙从何而来? · 16

宇宙的年龄有多大? · 18

关注: 在早期宇宙中, 物质是如何形成的? · · · · · · · · · · · · · · 20

什么是宇宙微波背景? · 22

什么是物质? · 24

什么是反物质? · 26

什么是能量? · 28

关注: 通过运用粒子加速器来研究早期宇宙 · · · · · · · · · · · · · 30

什么是磁场? · 32

什么是星系? · 34

什么是星系团、超星系团? · 36

什么是纤维状结构、星系长城以及巨洞? · · · · · · · · · · · · · · · 38

关注: 莱曼 α 团块 · 40

在宇宙中, 万有引力扮演着什么样的角色? · · · · · · · · · · · · · 42

关注: 什么是万有引力? · 44

什么是暗物质? · 46

什么是暗能量? · 48

什么是星座? · 50

什么是天球? · 52

天文学家如何绘制宇宙地图? · 54

关注: 宇宙的三维图像 · 56

宇宙如何运动? · 58

宇宙将以何种方式终结? · 60

序

作为一名在天文领域从事研究二十余年的天文科研人员而言，很高兴近些年有很多不错的天文学作品出现，我一直关注这些作品，特别是科普作品。在过去的几年当中，也做了一些关于天文领域的科普宣传，很高兴能为天文学的科普事业做些事，如今受机械工业出版社的编辑邀请，为这套天文书写推荐序，我感到十分荣幸。

德国的伟大哲学家康德曾经说过："有两种东西，我对它们的思考越是深沉和持久，它们在我心灵中唤起的惊奇和敬畏就会日新月异，不断增长，这就是我头上的星空和心中的道德定律。"我以前碰到过一个资深的国际知名学术期刊的编辑，他说自己曾经做过统计，90%的小朋友对于两样事物很感兴趣，那就是星空和恐龙。无论对于成人还是孩子，了解星空的奥秘可以说是人类心中最原始的一种愿望。

这是一套包含了天文基本知识介绍并且图文并茂的书籍，从最想了解的宇宙知识到银河、再到恒星以及它们的故事，比如宇宙有多大？宇宙是如何产生的？望远镜可以看多远？什么是暗能量？什么是暗物质？等等。凡是我们通常有的疑问，几乎都可以在这套天文书中找到答案。

回想我自己对天文知识的学习，其实还是蛮不易的。小时候同其他的小朋友一样，对于天文很感兴趣，但是在书籍匮乏和经济落后的西北小镇，几乎没有太多的渠道获取最新的天文知识，听到的时常是各种科学谣言，也就是一些天文学名词外加编造出来的故事，很多时候，这些发生在天体当中的事情被说得玄而又玄。在这种情况下，我对天文学的兴趣还能保留下来，之后还考入南京大学系统学习天文学，现在想来着实不易。看了这套书，我时常在想，如果我能够像现在的孩子一样，在我最想了解星空的时候，拥有一套类似这样的天文书，将是何等幸福和满足，在愿望最强烈的时候得到科学的指引，也许能碰撞出更不一样的火花。愿这套书籍能够在读者最想了解星空的时候，帮助读者解答心中的疑惑，坚定理想，对未来充满希望。

尽管这套书针对的读者对象是青少年，不过对于那些同样对星空充满好奇心的成人而言，这套书也是非常不错的选择，是一套可以用来入门的轻松的天文读物，是可以家庭共享的一套书籍。

好书是良师更是益友，希望读者能够开卷受益。

苟利军

中国科学院国家天文台研究员

中国科学院大学天文学教授

《中国国家天文》杂志执行总编

前言

　　根据某些确凿的证据，宇宙是在须臾之间形成的。构成宇宙中所有天体的一切物质都被压缩到了一个比原子还要小的空间内。眨眼之间，宇宙就从那个微小的"点"膨胀到了整个星系一般的大小。实际上，时至今日，宇宙依然处在不断膨胀的过程中。随着宇宙的演化，一切物质都从奇妙而神秘变得更加常见且熟悉，它们逐渐聚集到一起，形成了恒星、星系和行星等天体。最终，地球上的某些物质逐渐形成了动物、植物以及人类。

　　我们的宇宙就是我们的全部，它大概也是广袤时空中过去和未来的全部。然而，我们的宇宙可能并不是唯一的。其他宇宙也许曾经存在过，也许仍然存在。

▶　船底星云是银河系内部最为明亮的区域之一，那里同时也是银河系最大的恒星形成区域之一。本图是一张合成图，天文学家们合成了哈勃空间望远镜所拍摄到的48幅图像，最终形成了一幅彩色的全景视图。

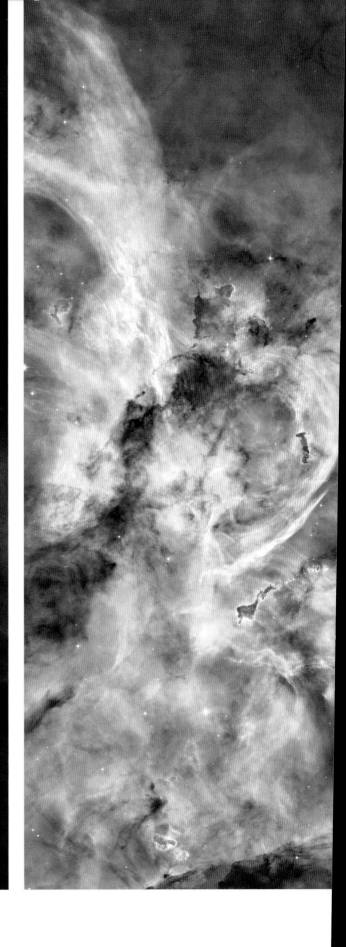

什么是宇宙？

宇宙就是我们周围的一切。当人类仰望天空时，我们看到的一切，都是宇宙的组成部分。宇宙包括太阳、月亮和恒星，当然也包括像地球这样的行星。此外，宇宙还包括太阳系内其他所有的天体，以及太阳系范围之外浩瀚无垠的宇宙中的所有一切。

这是一幅由哈勃空间望远镜所拍摄到的伪色图像。一颗"垂死"的恒星释放出来的气体云，以每小时96.6万公里的速度射向宇宙空间。该恒星的核心将会持续坍缩，当坍缩到与地球大小相仿时，它将会变成一个发光的天体，科学家们将其称为白矮星。

太阳系包括太阳、8颗行星、几颗体积较小的矮行星、100多颗卫星，以及数以亿计更小的天体。

所谓宇宙，指的是存在于时空中所有区域范围内的一切物质。

可见、不可见的一切

人类的认知范围是非常有限的，而宇宙的内涵以及外延，则比我们所能认识到的要多得多。在功能强大的天文望远镜的帮助下，天文学家们已经清楚地意识到宇宙所覆盖的范围大到令人难以置信。宇宙中包含恒星、星系，以及诸如"引力怪兽"黑洞和类星体这样的奇怪天体，其中，类星体堪称宇宙中亮度最高的天体之一。值得一提的是，即便是通过当今最为先进的科学设备观测，人类似乎依然看不到宇宙中的大部分物质。

研究与理论

我们将那些专注于研究宇宙发展历程的天文学家称为宇宙学家，他们一直都在致力于研究诸如"宇宙的覆盖范围到底有多大"和"宇宙的历史到底有多久"这样的问题。此外，宇宙学家还要专注于宇宙结构研究，以及有关宇宙塑造的力学研究。正是他们推动了诸如"宇宙如何开始"和"宇宙将如何毁灭"等相关猜想和理论的发展。宇宙学家经常会与研究物质与能量的物理学家进行合作，而将物理学定律应用于宇宙学研究的天文学细分学科，被命名为天体物理学。

这是一幅由艺术家创作的插图。在一个想象中的、位于太阳系以外的行星上，水以及其他形成生命所必备的化学物质都聚集在岩石的周围。该行星围绕着一颗温度低于太阳的红矮星进行轨道运动。

数十万颗恒星聚集在银河系的中心区域。天文学家们坚信，在银河系的中心地带，存在着一个超大质量黑洞。

宇宙的大小和形状是怎样的?

宇宙的形状有可能是一个曲面，也有可能是一个球体。当然它也有可能是一个圆环（就好像甜甜圈）。而迄今为止，天文学家所能观测到的宇宙是一个略显扁平的空间。当然，宇宙极有可能没有任何边界，其覆盖的范围似乎无穷无尽，因此我们很难确定它的形状。

宇宙是如此之大，以至于人们很难想象它所能覆盖的范围和距离。从某颗恒星、星系到另外一颗恒星、星系的距离实在是过于遥远，因此天文学家们不得不设计出一套特殊的系统和方法，来确定宇宙中天体之间的距离。

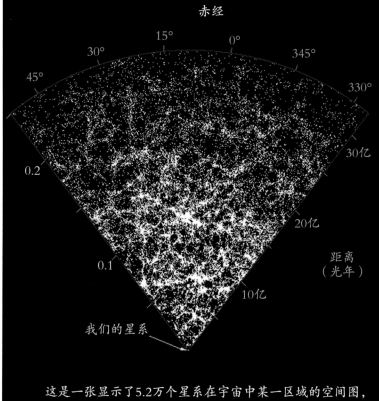

这是一张显示了5.2万个星系在宇宙中某一区域的空间图，本图清楚地解释了星系是如何聚集成纤维状结构的。看起来距离地球比较近的星系，似乎都紧紧地聚集在一起；而距离地球较远的星系，则似乎更加分散一些。

早期天文学家对宇宙进行观测所得到的结果显示，宇宙可能是几种形状中的一种；而2000年的卫星观测结果则显示，宇宙是平的，它就像是一张纸。

没有人知道宇宙确切的大小和形状。然而，近年来空间探测器的探测结果显示，宇宙有可能是一个接近平面的存在。

光年

光年是天文学家们最常用的基本距离单位之一，它指的是光在一年时间里在真空环境下直线传播的距离。光的速度为每秒29.98万公里，因此光在一年时间里可以在真空环境下直线传播9.46万亿公里，即1光年。

最为遥远的天体

2009年天文学家们发现了距离地球最为遥远的天体之一，那是一颗爆炸的恒星，它所发出的光需要长达131亿年的时间才能抵达地球。在爆炸的过程中，这颗恒星释放出了一种名为伽马射线的高能射线，其辐射量高到令人难以想象；通过一种能够"看到"伽马射线的天文学设备，天文学家们才首次发现了这颗恒星。随后，天文学家使用其他类型的天文望远镜进一步观测那次伽马射线大爆发，并且观测到了红外线（即热辐射）的存在。通过红外线，天文学家们就能够计算出宇宙空间中的某个天体与地球之间的距离。

可以肯定的是，天文学家在宇宙空间中能够"看"多远（即能够回溯多久以前的历史），直接取决于现有最先进天文望远镜的性能。随着包括天文望远镜在内的一系列天文学设备的发展和进步，天文学家们必定能够观测到距离地球更加遥远的天体。

这是一幅由哈勃空间望远镜于1995年所拍摄到的图像，天文学家将其命名为"哈勃深场"，图中显示的是宇宙中一些最古老的星系所发出的明亮光芒。这些古老星系所发出的可见光，要在宇宙空间中穿行50亿~100亿年的漫长岁月才能最终抵达地球。为了更加深入地观测、研究宇宙的历史，哈勃空间望远镜曾经在长达10天的时间里对某一空域进行定点观测。

光的秘密

实际上，表现为白色的可见光，是由组成彩虹的那几种颜色的光所共同组成的，其范围从紫色、蓝色到橙色以及红色。不过，在反映到电磁波谱上的所有能量形式中，可见光只是其中的一小部分而已。具体来说，电磁波谱的一端是能量较低、波长较长的无线电波，而另外一端则是能量较高、波长较短的X射线和伽马射线。

在宇宙空间中，可见光与其他所有类型的电磁辐射都是以波的形式传播的。不同类型的电磁辐射，其波长也各不相同。所谓波长，指的是两个相邻波峰（顶部）之间的距离。短波比长波的能量更高。

天文学家使用分光镜或者分光计来分析、研究宇宙中不同天体所发出的光。根据波长的不同，这些科研设备能够将可见光色散成为类似于彩虹的单色光排列，科研人员将其称为光谱。恒星、星系以及其他天体内部所包含的化学元素，都会在光谱中形成特征性的亮线或暗线。每个天体都有自己的特征光谱，这取决于它所包含的化学元素种类。

▲ 棱镜可以令穿过它的光发生弯折，通过棱镜之后，可见光会被色散成为类似彩虹的单色光排列。之所以会产生这样的现象，是因为当光通过棱镜时，波长较短的光（比如蓝色光）弯折程度相对更大，而波长较长的光（比如红色光、黄色光）弯折程度相对较小，因此棱镜能够将可见光色散成为不同颜色的单色光。

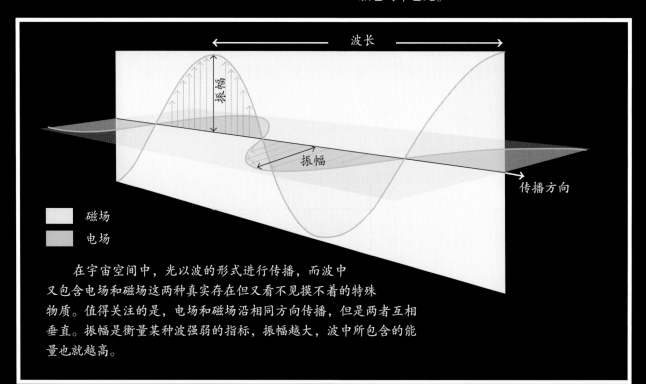

在宇宙空间中，光以波的形式进行传播，而波中又包含电场和磁场这两种真实存在但又看不见摸不着的特殊物质。值得关注的是，电场和磁场沿相同方向传播，但是两者互相垂直。振幅是衡量某种波强弱的指标，振幅越大，波中所包含的能量也就越高。

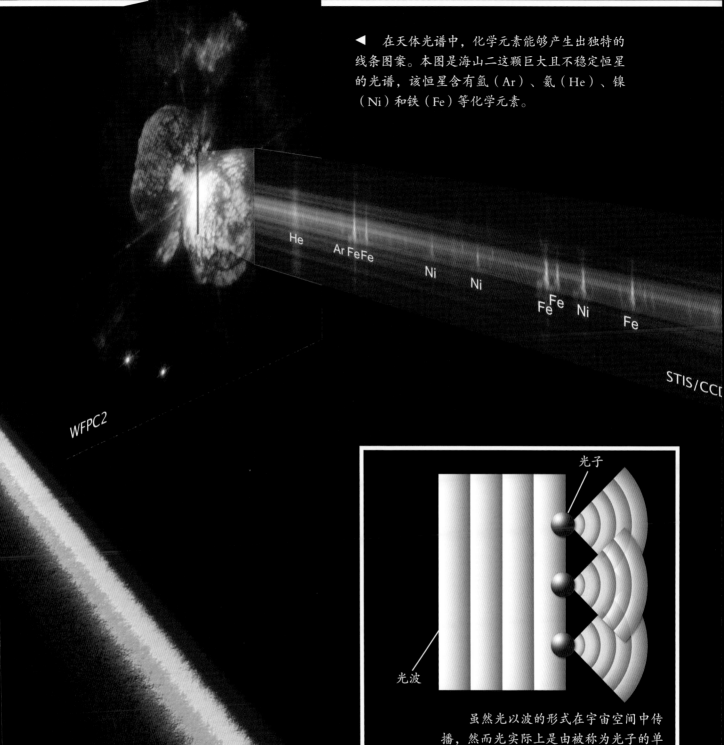

在天体光谱中，化学元素能够产生出独特的线条图案。本图是海山二这颗巨大且不稳定恒星的光谱，该恒星含有氩（Ar）、氦（He）、镍（Ni）和铁（Fe）等化学元素。

He　Ar FeFe　Ni　Ni　Fe Fe Ni Fe

STIS/CCD

WFPC2

光子

光波

虽然光以波的形式在宇宙空间中传播，然而光实际上是由被称为光子的单个粒子所组成的。

13

红移：向红色一端移动

　　某个天体所释放出来的能量，实际上都是由不同波长的多种单个能量形式所共同组成的。值得关注的是，绝大多数我们所能观测到的光，都伴随有红移现象的出现。所谓红移，指的是光在光谱中趋向波长更长的红端，同时远离波长更短的蓝端的现象。当某个天体靠近（或者远离）地球时，它所发出的光的波长，便会变短（或者变长）。具体来说，当一个天体朝向地球移动时，它所发出的光会遭到挤压，因此其波长会变得更短；而相应地，当一个天体远离地球而去时，它所发出的光会被拉伸，因此其波长就会变得更长。

　　根据形成原因的不同，红移主要被分为两类。第一类是多普勒红移，这一类型的红移在生活中存在明显的范例：当火车朝你的方向开过来的时候，它所发出的汽笛音调（非音量）会显得更高；而当火车离你而去时，其汽笛音调会显得更低。多普勒红移是由多普勒效应引起的。

　　第二类红移即宇宙学红移。值得关注的是，这一类红移实际上并不是由恒星的运动引起的，而是由宇宙空间自身的膨胀引起的。当天文学家们讨论红移时，他们通常指的就是宇宙学红移。

　　天文学家们认为，宇宙起源于距今大约138亿年前的大爆炸。在那之后，宇宙从一个孤零零的"点"，膨胀到了现在的样子。在宇宙膨胀的过程中，它将穿梭于其中的光拉长，形象地说，这一现象酷似一根弹簧被施加在其末端的外力拉伸而变长的情形。

　　通过分析、研究恒星所发出的光，天文学家就可以了解该天体的运动特征。如果一颗恒星所发出的光在光谱上朝着红端移动，那么它就正在远离地球而去；如果该恒星所发出的光在光谱上朝着蓝端移动，那么它就正在朝向地球移动。

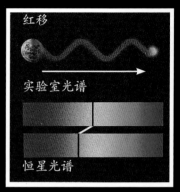

　　科学家们坚信在大爆炸发生之后，宇宙立即开始了它的膨胀过程。也正是由于这个原因，恒星、星系以及所有其他天体之间的距离，才会随着宇宙的膨胀而增大。通过观测空间对光所产生的影响，科学家们就可以计算出宇宙空间的膨胀。随着宇宙的膨胀，它拉长了在其内部传播的光的波长。通过观测光被拉长的程度——红移程度，科学家们就可以计算出宇宙的膨胀速度。

大爆炸

通过分析某个天体所发出的光在光谱上朝波长较长、较红一端的偏移
程度，科学家们就能够计算出该天体距离地球有多远。

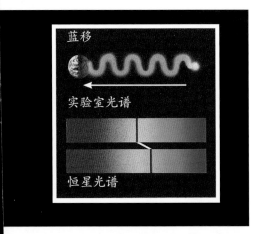

蓝移
实验室光谱
恒星光谱

　　光在宇宙空间中传播的距离越远，它所表现出来的宇宙学红移程度就越大。也正是由于这样的原因，那些来自于距离地球最为遥远星系的光，总是能够表现出最大程度的红移。在到达地球的时候，那些光甚至会因此而表现出红外线或无线电波的特性。通过观测光的红移程度，天文学家就可以计算出遥远星系到地球之间的距离。此外，天文学家还可以通过观测光波的红移程度，计算出发出光的那些天体的运动速度。具体来说，某个天体相对于地球的运动速度越快，它所发出的光红移程度就越大。

光波

光波

光波

宇宙从何而来？

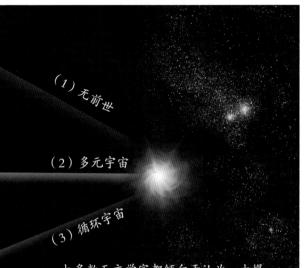

（1）无前世

（2）多元宇宙

（3）循环宇宙

大多数天文学家都倾向于认为，大爆炸标志着当前这个宇宙的开始。然而，天文学家们还没有可行的方法来研究大爆炸发生之前的情形。对此，天文学家们提出了几个相关猜想：（1）在大爆炸发生之前，一切都不存在；（2）可能同时存在着很多个宇宙，而当它们中的两个相互接触时，便引发了大爆炸；（3）我们当前所处的这个宇宙，可能只是一系列"膨胀——收缩——大爆炸"循环中的一个而已。

快速膨胀

暴胀理论能够解释大爆炸之后所发生的一切，按照该理论的说法，在大爆炸发生之后的最初几秒里，宇宙膨胀的速度非常快。我们可以把早期的宇宙想象成为一个气球，假设你把气球连接到气罐上，然后打开气罐的喷嘴，气球就会快速膨胀，甚至会爆炸。根据暴胀理论，在大爆炸发生之后的一瞬间，宇宙便从一个"点"膨

胀到了一个星系的大小。而当宇宙温度逐渐降低、我们所知的物质开始出现时，宇宙的膨胀速度便大幅度下降了。

小火球

人们的确很难想象大爆炸发生时的具体情形。在远远不到1秒里，整个宇宙的温度之高、密度之大是令人无法想象的。某些科学家将这一时期的宇宙形象地描述成为一个微小的原始火球，它只有一个大头针针头的数千分之一那么大。值得一提的是，现在我们所熟知的空间和时间，在当时甚至根本不存在。

大反弹理论认为，宇宙在一个不断循环的过程中膨胀、收缩。根据这一理论，在大爆炸发生之前，就存在着一个与我们现在所处的这个宇宙非常相似的宇宙。经过一段时间的膨胀之后，那个宇宙开始收缩，而在收缩到一个比原子还要小的"点"之后，它就在大爆炸中形成了当前的这个宇宙。

前世宇宙

天文学家们已经发现，宇宙依然处在不断膨胀的状态中，并且已经确认，所有星系在远离地球的同时，它们彼此之间的距离也在变得越来越远。宇宙学家们明确表示，星系之所以呈现出相互远离的状态，是因为宇宙本身始终处在不断膨胀的过程中。

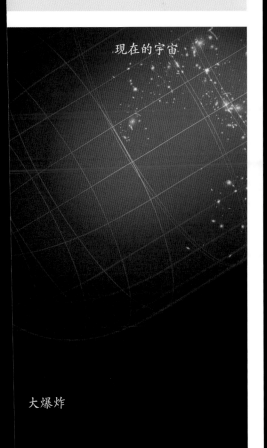

现在的宇宙

大爆炸

某些天文学家认为，我们所处的这个宇宙存在于一个薄膜状的表面上，该薄膜状表面被称为膜或者膜宇宙。值得一提的是，膜宇宙仅仅是超大宇宙（megaverse）的一个超薄片层而已，超大宇宙是一个多维的巨大空间，人类根本无法探测到超大宇宙的维度。根据这一理论，其他宇宙也都分别处在特殊的膜宇宙——超大宇宙的超薄片层中。

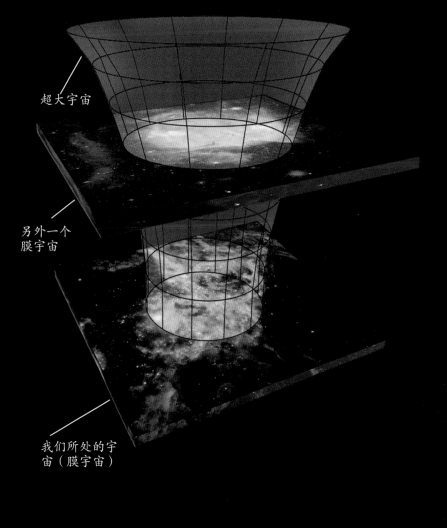

超大宇宙

另外一个膜宇宙

我们所处的宇宙（膜宇宙）

宇宙的年龄有多大？

想要计算宇宙的具体年龄，天文学家们就必须完成一些高难度的观测工作。他们从两个主要方面寻找线索：首先，他们尽全力寻觅那些最为古老的恒星，因为可以肯定的是，宇宙不可能比任何一颗恒星更加年轻；其次，他们还试图弄清楚宇宙膨胀的速度到底有多快。

寻觅古老恒星

在天文学家们看来，球状星团以及其中包含的大量恒星，堪称是宇宙中巨大的"时钟"。某些球状星团包含有数百万颗恒星，它们都通过相互之间的万有引力作用而紧密地聚集在一起。值得关注的是，在任何一个特定的球状星团内部，所有恒星极有可能是在同一时间形成的，并且，它们很可能形成于很久以前。这些恒星通常由氢元素和氦元素组成，其中氢元素是最为简单、最为基础的化学元素，而氦元素则是核聚变反应最先形成的化学元素。除了极少数特例之外，绝大多数恒星内部都不含有原子量较大的化学元素，因为那些原子量较大的元素都是在恒星爆炸的过程中形成的。

虽然球状星团中的恒星都形成于同一时间，然而它们之间的体积存在着巨大的差异。具体来说，体积越大、亮度越高的恒星，它们耗尽内部燃料的速度就越快，这一类天体毁灭的也就越早。目前，天文学家们已经清楚地知道不同大小的恒星消耗内部燃料的速率，根据他们的计算，宇宙中最为古老的恒星，其年龄在110亿~130亿年之间。

本图中心位置是球状星团NGC 6093，这一类星团可以被视为宇宙中的"时钟"，因为它们能够帮助天文学家计算宇宙的年龄。之所以球状星团能够发挥这样的作用，是因为这一类星团中的恒星都非常古老，而且它们的形成时间也都大体相同。

根据宇宙学家的计算，宇宙的年龄大约为138亿年。

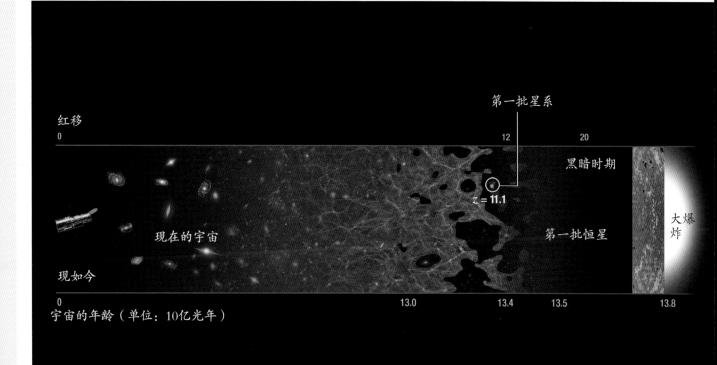

红移
0

第一批星系

12   20

黑暗时期

z = 11.1

现在的宇宙

第一批恒星

大爆炸

现如今

0

13.0   13.4   13.5   13.8

宇宙的年龄（单位：10亿光年）

膨胀速度

　　天文学家们试图运用一个数学公式来计算宇宙的年龄。为了让这一数学公式更具说服力，天文学家就必须知道当前宇宙的膨胀速度。威尔金森微波各向异性探测器（WMAP）能够测量出宇宙的膨胀速度，它能够帮助天文学家更加准确地计算出宇宙的年龄。按照宇宙学家们的计算，我们所在的宇宙已经度过了138亿年的漫长岁月。

　　值得一提的是，宇宙的年龄与距离之间也存在一定的内在联系。众所周知，某个遥远天体所发出的光，要经过一段时间才能抵达地球，因此，天文学家们在宇宙中看得越远，就意味着他们所能够追溯到的历史就越久。迄今为止，我们所能观测到的来自于最为遥远星系的光，已经在宇宙空间中传播了大约130亿年。按照天文学家的说法，那些天体在大爆炸发生之后不久便已经形成了。

　　天文学家们通过哈勃空间望远镜进行了两项研究得到了130多亿年前宇宙中曾经出现过的景象。哈勃深场中的星系出现在约128亿年前——大爆炸发生的10亿年之后。而哈勃极深场中的星系，则形成于大爆炸发生的大约5亿年之后，这些星系靠近天文学家所说的可观测宇宙的边缘。所谓可观测宇宙，就是我们目前所能看到的宇宙。

在早期宇宙中，物质是如何形成的？

确凿的科学证据已经证明，宇宙起源于一个被命名为大爆炸的宇宙事件。按照天文学家们的说法，大爆炸创造了宇宙本身以及宇宙中的一切物质。在大爆炸发生过后的最初几微秒里，宇宙是物质、反物质和能量的混合体；而当物质与反物质相互接触时，两者会同时湮灭并且转化成为能量。然而由于某些目前尚不为人类所知的原因，早期宇宙中物质的含量要略微多于反物质，因此在一系列的物质、反物质相互接触之后，几乎所有的反物质都被消耗殆尽，宇宙中只剩下能量以及少量的物质。那些剩下的物质继续形成原子，并最终形成了恒星、星系、行星以及宇宙中的所有天体。

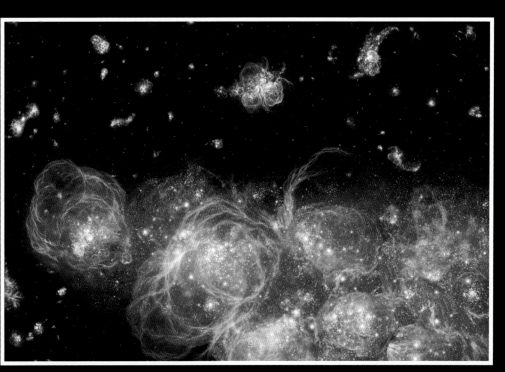

左图是一幅由艺术家创作的插图。在早期宇宙中，数千颗恒星突然同时出现，它们就像是绽放的烟花那样突然出现在宇宙中。根据哈勃空间望远镜的发现，第一批恒星的数量很多，它们在很短的时间内便正式形成了。

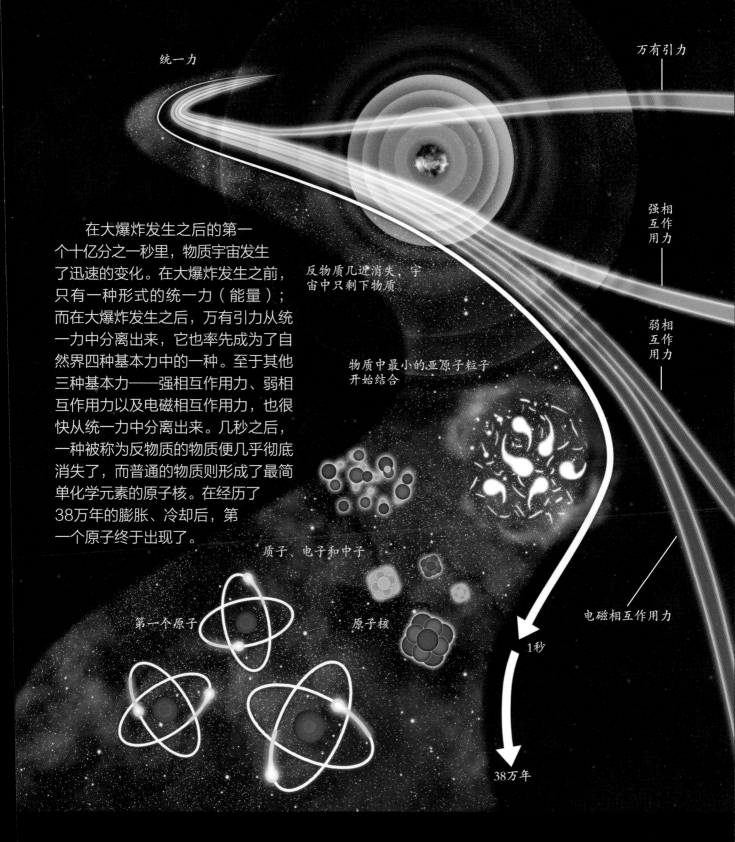

统一力

万有引力

强相互作用力

弱相互作用力

电磁相互作用力

反物质几乎消失，宇宙中只剩下物质。

物质中最小的亚原子粒子开始结合

质子、电子和中子

第一个原子

原子核

1秒

38万年

在大爆炸发生之后的第一个十亿分之一秒里，物质宇宙发生了迅速的变化。在大爆炸发生之前，只有一种形式的统一力（能量）；而在大爆炸发生之后，万有引力从统一力中分离出来，它也率先成为了自然界四种基本力中的一种。至于其他三种基本力——强相互作用力、弱相互作用力以及电磁相互作用力，也很快从统一力中分离出来。几秒之后，一种被称为反物质的物质便几乎彻底消失了，而普通的物质则形成了最简单化学元素的原子核。在经历了38万年的膨胀、冷却后，第一个原子终于出现了。

21

什么是宇宙微波背景？

一次"幸运的事故"

20世纪40年代，天文学家们最先预测了宇宙微波背景（CMB）的存在；而到了20世纪60年代，天文学家们终于真正确认了它的存在。在一次非常偶然的情况下，美国天文学家阿诺·彭齐亚斯和罗伯特·W.威尔逊发现了宇宙微波背景。当时，这两位物理学家身在美国新泽西州的贝尔实验室，他们通过射电望远镜来研究银晕气体的射电强度。不过在工作过程中，彭齐亚斯和威尔逊遇到了一个问题：观测设备接收到了某些意料之外的、他们并不需要的微波辐射噪声。当时两位天文学家确认，那些微波信号绝非来自于他们需要研究的气体，而是来自于宇宙空间中的各个方向。最终彭齐亚斯和威尔逊得出结论：他们所探测到的未知微波辐射，是宇宙大爆炸留下的辐射。这一结论为大爆炸理论提供了强有力的证据。也正是因为这一成就，彭齐亚斯和威尔逊共同获得了1978年的诺贝尔物理学奖。

天文学家们坚定地认为，早期宇宙空间内充斥着各种类型的高能电磁辐射，这其中包括伽马射线以及X射线。在大爆炸发生的大约38万年之后，随着宇宙逐渐膨胀、冷却，大爆炸所产生的辐射能量逐渐降低，并且转化成为可见光和红外线的形式。随着时间的推移，大爆炸所产生的辐射能量越来越低，现在它们已经转化成为微波的形式。

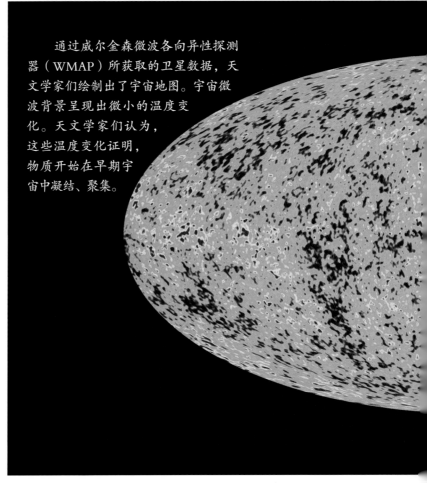

通过威尔金森微波各向异性探测器（WMAP）所获取的卫星数据，天文学家们绘制出了宇宙地图。宇宙微波背景呈现出微小的温度变化。天文学家们认为，这些温度变化证明，物质开始在早期宇宙中凝结、聚集。

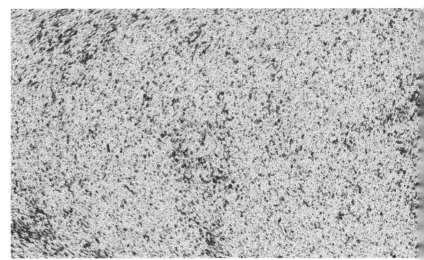

所谓宇宙微波背景，指的是宇宙诞生之后遗留下来的微弱能量。

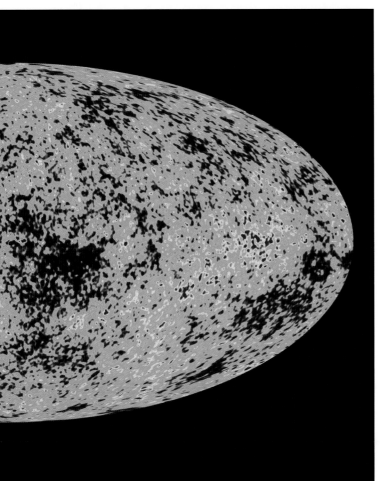

物质的聚集

在科研卫星的帮助下，天文学家们了解到更多有关宇宙微波背景的相关信息。1989年，美国国家航空航天局将宇宙背景探测器（COBE）发射升空，该探测器测得了宇宙微波背景的温度。宇宙背景探测器的观测结果显示，在不同的方向上，宇宙微波背景的温度存在着微小的差异，通常情况下，温度较低的区域密度也相应地更大。2001年，美国国家航空航天局将另外一颗名为威尔金森微波各向异性探测器（WMAP）的卫星发射升空，并且继续观测宇宙微波背景的温度变化。天文学家们坚信，所有这些发现足以证明，随着早期宇宙的逐渐冷却，物质开始形成团块。数十亿年之后，物质团块的聚散直接促成了现在这些星系的形成。2009年，欧洲航天局发射了普朗克巡天者卫星，天文学家们希望通过它能够得到有史以来细节最为丰富的宇宙微波背景图。

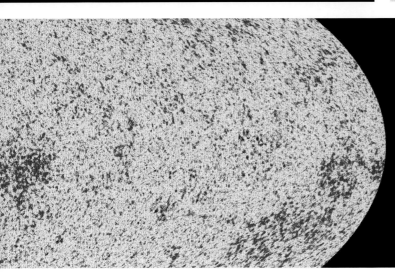

这是由普朗克巡天者卫星所拍摄到的第一批宇宙微波背景图像之一，天文学家们将其与一张银河系的照片相叠加，该图像细节的丰富程度，与威尔金森微波各向异性探测器（WMAP）5年来所收集到的图像如出一辙。实际上，随着普朗克巡天者卫星继续扫描宇宙微波背景，它所获得的图像细节将变得更加丰富。本图中的红色部分代表来自于银河系的干涉。

什么是物质？

科学家们认为，行星、植物、人类，以及构成宇宙中其他所有天体的一切物质，都是在距今138多亿年前的大爆炸中形成的；甚至连空间和时间的概念，也是从那一刻才出现的。

物质的组成部分

在大爆炸发生之后的最初几秒里，宇宙中形成了一些奇怪的物质。那些物质的温度极高，现在我们可以将其视为构成宇宙空间内万事万物的物质基础。

人类已知的、历史最为悠久的物质粒子有很多种，而夸克便是其中之一。夸克是组成物质的基本粒子，换句话说，没有比它们更小的粒子存在了。实际上，夸克小到科学家们根本无法测量它们的尺度。在大爆炸发生之后，宇宙膨胀得越来越大，温度也越来越低，在这个过程中，夸克相互之间结合在一起，并且形成了更大的粒子，我们将其称为质子（带有正电荷的粒子）和中子（不带电荷的中性粒子）。而质子和中子内部的夸克，则是由一种名为胶子的粒子结合在一起的。

在大爆炸发生之后的最初3分钟里，宇宙的温度下降到了将近10亿摄氏度，这个温度足够

太阳的表面由大量的炽热气体以及一种名为等离子体的类气态物质共同组成。

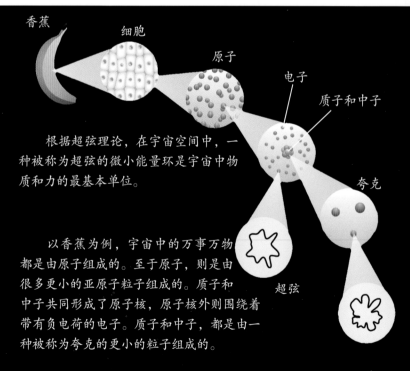

根据超弦理论，在宇宙空间中，一种被称为超弦的微小能量环是宇宙中物质和力的最基本单位。

以香蕉为例，宇宙中的万事万物都是由原子组成的。至于原子，则是由很多更小的亚原子粒子组成的。质子和中子共同形成了原子核，原子核外则围绕着带有负电荷的电子。质子和中子，都是由一种被称为夸克的更小的粒子组成的。

宇宙间的万事万物由物质组成。

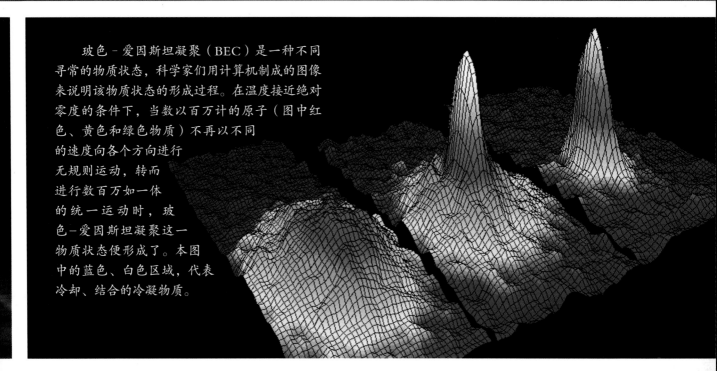

玻色－爱因斯坦凝聚（BEC）是一种不同寻常的物质状态，科学家们用计算机制成的图像来说明该物质状态的形成过程。在温度接近绝对零度的条件下，当数以百万计的原子（图中红色、黄色和绿色物质）不再以不同的速度向各个方向进行无规则运动，转而进行数百万如一体的统一运动时，玻色－爱因斯坦凝聚这一物质状态便形成了。本图中的蓝色、白色区域，代表冷却、结合的冷凝物质。

低，可以使质子和中子结合在一起，并且形成原子的核心，即原子核。

在随后38万年的漫长岁月中，宇宙的温度逐渐下降到了3000摄氏度，在这个温度条件下，原子核就能够吸引电子（带有负电荷的微粒）。在一个原子核的周围，可能围绕着1个或者多个电子，至此原子得以最终形成。众所周知，原子是化学变化中能够存在的最小粒子。

化学元素

所谓化学元素，指的是只由一种原子组成的物质。宇宙中最先形成的化学元素是氢，其原子是由1个质子和1个电子组成的。在氢元素之后形成的化学元素是氦。在宇宙中，氢元素的原子核在高温、高压的环境下会发生融合（结合），并且最终形成氦元素。在早期宇宙中，弥漫着由氢元素和氦元素形成的巨型气体云。

恒星和星系都是在气体云中形成的。恒星内部一直都在进行着核聚变反应，实际上这正是这一类天体巨大能量的来源。在核聚变反应进行的过程中，某种元素的原子核能够在高温、高压的条件下融合成为另外一种元素的原子核，这一融合过程能够产生巨大的能量。核聚变反应创造出了包括碳、氧、铁在内的多种化学元素。随着恒星形成循环周期的延续，更多种类的化学元素先后形成。迄今为止，科学家们已经发现了超过110种化学元素，这些元素进一步形成分子，最终组成了宇宙中一切可见的物质。

什么是反物质？

星系之间的高速碰撞，比如，最终形成小鸟星系的那3次碰撞，有可能会产生反物质。

基本"反粒子"

科学家们认为，在宇宙大爆炸发生之后的最初几微秒（百万分之一秒）里，反物质就已经形成了；与此同时，物质也形成了。与物质类似，反物质也是由粒子所组成的。然而，反物质粒子的某些性质，比如它们所携带的电荷，与其"孪生体"——物质——截然相反。

举例来说，电子带有1个负电荷；而其"孪生兄弟"正电子，带有的则是1个正电荷。相应地，作为质子的反物质，反质子带有1个负电荷；同理，反中子则是中子的反物质。与质子、中子、电子形成原子类似的是，反质子、反中子、正电子，能够形成反原子。

粒子加速器是科学家们研究反物质的最常

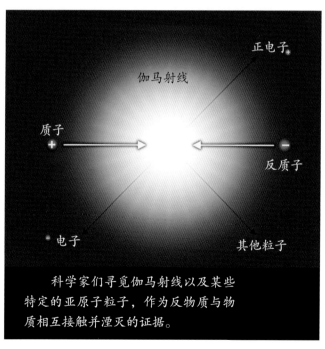

科学家们寻觅伽马射线以及某些特定的亚原子粒子，作为反物质与物质相互接触并湮灭的证据。

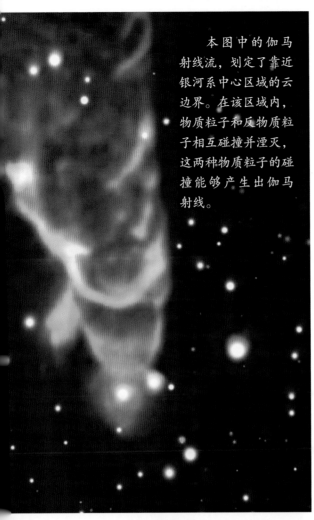

本图中的伽马射线流，划定了靠近银河系中心区域的云边界。在该区域内，物质粒子和反物质粒子相互碰撞并湮灭，这两种物质粒子的碰撞能够产生出伽马射线。

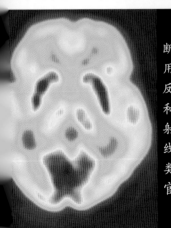

在正电子发射计算机断层扫描（PET）中，利用电子和正电子（电子的反物质）相互之间的碰撞和湮灭，能够释放出伽马射线。通过利用伽马射线，医学工作者能够对人类的大脑以及其他身体器官进行三维立体观察。

用设备，这一类的科研设备可以将电子以及其他带电粒子的速度加速到接近光速。在此种状态下，这些粒子的能量能够达到早期宇宙中粒子能量的水平。通过将这些高速粒子撞击到气体、液体或者固体目标，甚至是反粒子束中，科学家们就可以创造出足够的能量来形成反物质。1995年，在位于瑞士的欧洲粒子物理研究所（CERN）的实验室里，物理学家们第一次在粒子加速器中制造出了1个反原子，随后他们制造出了少量的反氢，即氢元素的反物质。

物质与反物质

当物质与反物质相遇时，它们将会"同归于尽"，并且留下一定的能量。然而，在宇宙大爆炸发生之后的第一个瞬间，物质和反物质也是由能量创造出来的。现在科学家们已经可以确认，在宇宙大爆炸发生之后最初的几微秒里，能量、物质、反物质不断地被创造、被毁灭，如此循环往复。

今时今日，物质的数量远比反物质要多得多，然而这一情况也给科学家们带来了一个问题：在宇宙大爆炸发生之后，如果物质和反物质是被等量地创造出来的话，那么它们应该已经完全湮灭，宇宙中只会充斥着能量，而不会存在物质和反物质。可以肯定的是，某些未知因素带给了物质一些关键性的优势，这直接导致它们的数量要远多于自己的"孪生体"——反物质。物理学家们的计算结果显示，在每10亿个物质或者反物质粒子中，只要物质粒子比反物质粒子多出1个，那么在经过138亿年的漫长岁月之后，宇宙就会呈现出如今这个物质占据统治性地位的状态。既然如此，科学家们现在面临着一个重要问题：在大爆炸发生之后的最初阶段，宇宙空间中的物质粒子为什么会比反物质粒子更多呢？

什么是能量？

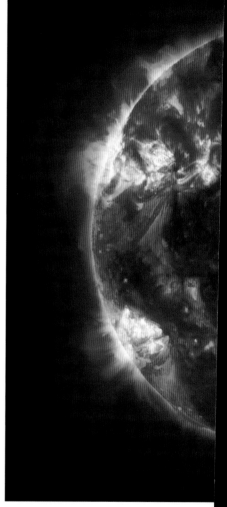

物质的能量

现在的自然界拥有四种基本力；然而在宇宙大爆炸发生时，却只存在一种基本力。在大爆炸发生之后的一瞬间，唯一的基本力便一分为四，它们是：电磁相互作用力、强相互作用力（将原子核内粒子保持在一起的力）、弱相互作用力（涉及原子分解的力）以及万有引力（物体对其它物体的吸引力）。

原子内部所包含的能量

德裔美国物理学家阿尔伯特·爱因斯坦推导出了一个著名的方程，该方程反映出了能量与质量之间的转化关系。爱因斯坦所推导出的这一方程被命名为质能方程，具体方程为：$E=mc^2$，其中 E 代表的是能量，m 代表的是质量，而 c 则代表的是光速。根据质能方程的核心思想，物质所包含的能量等于其质量乘以光速的平方。

在第二次世界大战（1939—1945年）期间，美国向日本的广岛、长崎各投下了一枚原子弹。值得一提的是，原子弹正是爱因斯坦质能方程中质能转换伟大思想的绝佳体现。原子弹是通过分裂其内部所包含的铀原子或者是钚原子，释放出一定的能量；而释放出的能量则会引发一系列的连锁反应，并最终引发剧烈的大爆炸。后来，科学家们开发出了氢弹这种威力更大的武器，它利用核聚变反应来制造爆炸。随着核工业的进一步发展，科学家们还学会了通过在核反应堆中分裂原子来发电。

来自于太阳的能量

包括太阳在内，所有恒星的内部都进行着核聚变反应，这一

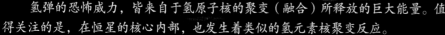

氢弹的恐怖威力，皆来自于氢原子核的聚变（融合）所释放的巨大能量。值得关注的是，在恒星的核心内部，也发生着类似的氢元素核聚变反应。

所谓能量，指的是物质的基本单元在空间中的运动周期范围的测量；简单地说就是工作的能力。能量的基本形式有四种，它通常以其中的一种为具体表现形式。

类天体之所以能够发光、发热，最根本的原因就是核聚变反应能够释放巨大的能量。来自于太阳的光，几乎是地球上一切能量的源泉。具体来说，植物利用阳光为它们自己制造养分，动物通过吃掉植物来获取能量。远古时代的植物在死亡之后，腐烂形成了煤炭和石油，现在人类所消耗的绝大多数能源，都来源于煤炭和石油的燃烧。此外，太阳释放的热量会导致地球上各个区域之间的温度存在差异，而温差会引起空气的流动，这种空气流动就是我们在日常生活中常见的风。现在，工程师们已经可以直接收集太阳释放的能量，通过太阳能电池将太阳能转化成为电能，也可以通过风车来将风能（本质上是太阳能的一种转化形式）转化成为机械能和电能。

通过发生在核心内部的核聚变反应，太阳将氢元素融合成为氦元素，这个过程能够释放巨大的能量。

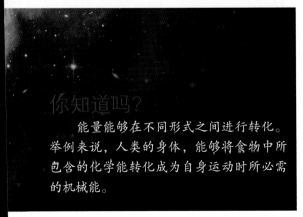

你知道吗？

能量能够在不同形式之间进行转化。举例来说，人类的身体，能够将食物中所包含的化学能转化成为自身运动时所必需的机械能。

风力涡轮机利用的是风能。太阳释放的热量能够在地球大气层中产生温度梯度，温度梯度引发的空气流动就是我们常说的风。

29

通过运用粒子加速器来研究早期宇宙

大爆炸发生之后不久的宇宙，其物理条件与现在宇宙的物理条件大不相同，具体来说，当时宇宙的密度和温度都要比现在高得多。除此以外，早期宇宙的物质形态也要比现在复杂得多。为了研究大爆炸发生之后宇宙中形成的最简单粒子，科学家们使用粒子加速器模拟当时的情形。粒子加速器是一种非常复杂的科研设备，它能够模拟出早期宇宙的密度和温度以及绝对能量等多方面的特征，并且能够以接近光速的速度让物质粒子发生碰撞。简而言之，粒子加速器能够在最短的时间内重新"创造出"一个奇异粒子存在的时代。

▼ 大型强子对撞机（LHC）是有史以来最大的科学实验设备。地下加速器隧道的周长约为27公里。

大型强子对撞机的通道内部包含有许多不同类型的粒子探测器；科学家用9000多块超导磁铁来控制、聚焦两束光。

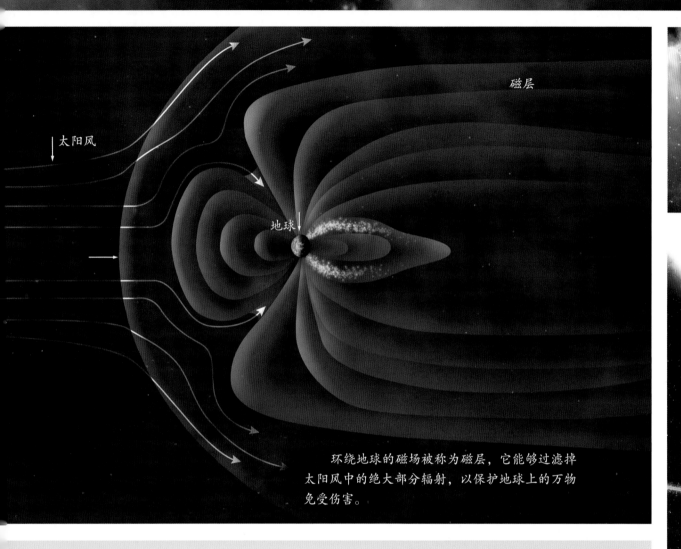

太阳风

磁层

地球

环绕地球的磁场被称为磁层，它能够过滤掉
太阳风中的绝大部分辐射，以保护地球上的万物
免受伤害。

简单的磁场

    磁与电直接相关。在某些原子中，电子（带负电荷的粒子）的旋转能够产生磁性。当然，并不是所有物体都会被磁场所吸引，举例来说，磁铁只会对铁、钴、镍等金属产生影响，同时也只有这些金属才能成为磁体。

    条形磁铁的一端是北极，另外一端是南极，其周围的磁场是自然界中最为简单的磁场。在条形磁铁周围，人类肉眼无法看到的磁力线从一个磁极发射出来，随后回到另外一个磁极。

    磁铁之间既有可能相互吸引，也有可能相互排斥。具体来说，一块磁铁的北极能够与另外一块磁铁的南极相互吸引；而两块磁铁的相同磁极则会相互排斥。

磁场体现为磁体周围的磁力线。包括太阳在内的所有恒星，包括地球在内的大多数行星，以及整个银河系都被磁场所包围。

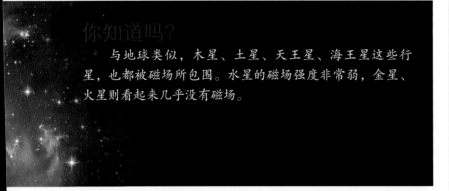

与地球类似，木星、土星、天王星、海王星这些行星，也都被磁场所包围。水星的磁场强度非常弱，金星、火星则看起来几乎没有磁场。

一颗中子星能够从正、反两个相对的方向产生强大的能量喷流（图中白色粗线），同时这一类天体也有可能是极强的磁体，并且能够产生强大的磁场（图中蓝色细线）。在这幅由艺术家创作的插图中，该恒星完全可以被归类为脉冲星或者磁星。

宇宙中的磁场

地球拥有自己的磁场，它是由地球液态外核中的电流运动产生的。正是在地球磁场的守护之下，我们这颗行星上的万事万物才得以免受太阳风的影响。所谓太阳风，指的是从太阳上层大气喷射的超高速等离子体（带电粒子）流。

太阳同样被其自身的磁场所包围。值得关注的是，太阳磁场的爆发将会在恒星表面引起扰动：在磁场的影响下，太阳表面有可能会出现巨大的日珥以及炽热的气体环。至于太阳黑子（太阳表面亮度较低、温度较低的区域），则是由太阳的环形磁场产生的。

其他恒星或天体也都有它们自己的磁场，某些天体的磁场强度甚至比太阳的磁场强度还要强很多。如中子星的磁场强度能够达到太阳的1000倍甚至更高。磁场强度的单位是高斯，太阳极区的磁场强度是1~2高斯；而某些中子星的磁场强度能够达到10万亿高斯。

在银河系以及其他河外星系中，天文学家们都探测到了磁场的存在。科学家们认为，缓慢旋转的星系有可能形成自己的磁场。天文学家们坚信这样的磁场能够影响到恒星形成的速度。

什么是星系？

星系NGC 6240中心区域的那两个亮点，标志着两个超大质量黑洞的位置。值得一提的是，这两个黑洞被炽热的气体云所包围，两者之间的距离仅有3000光年。科学家们坚信这两个黑洞正在以螺旋状的运动状态相互靠近，最终它们会合并在一起。

星系的大小及年龄

宇宙中拥有数千亿个星系。星系的体积有大有小，各不相同。天文学家们估计，最小的星系中所包含的恒星数目，可能只有10万颗左右；而最大的星系，则有可能包含超过10万亿颗恒星。绝大多数星系的中心区域，都存在着一个超大质量黑洞，这是一类密度极高的天体，其引力场强度强悍无比，即便是光都无法逃脱它的吸引。

宇宙学家们坚信，在大爆炸发生的3亿年之后，星系便开始逐渐形成。已知最为古老的星系所发出的光，要在宇宙空间中传播大约130亿年才能抵达地球。

星系的种类

宇宙中存在着几种类型的星系。旋涡星系看起来就像是一个圆盘，这一类星系略微凸起的中心区域以及其周围的旋臂，都是由恒星组成的。在一个旋涡星系中，绝大多数恒星、气体都存在于中央的凸起位置；而旋臂则围绕着星系中心进行旋转。我

我们可以通过某一星系的颜色来计算它的大概年龄。相对而言，年轻的恒星往往表面温度都比较高，因此由这一类恒星所组成的星系往往呈现出蓝色（图左半部分）；而年龄比较大的恒星，其表面温度通常都比较低，因此相对而言，由这一类恒星所组成的星系往往呈现出更红的颜色（图右半部分）。

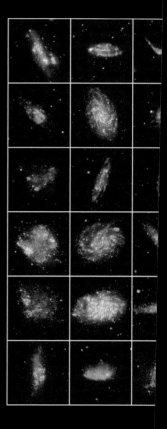

星系是由恒星、尘埃和气体所组成的巨大集合，它们构成了宇宙空间的基本大尺度结构。

们所处的这个星系——银河系，则是一个棒旋星系。棒旋星系是一种特殊的旋涡星系。

外形呈正圆形或椭圆形的星系被科学家们命名为椭圆星系。通常情况下，椭圆星系内部的恒星要多于气体。天文学家们坚信在一个椭圆星系内部，恒星的形成消耗掉了星系中的绝大多数气体。

所谓不规则星系，指的是那些外观不规则的星系。天文学家们普遍认为，有相当一部分不规则星系都非常年轻；而另外一些不规则星系，则有可能是在两个星系发生碰撞之后形成的。当两个星系相互靠近时，一个星系的引力作用会将另外一个星系拉伸成为不规则的形状。通常情况下，不规则星系内部的尘埃和气体要明显多于恒星，也正是由于这个原因，这一类星系内部才会形成更多的新生恒星。

特殊星系指的是那些具有奇怪特征的不规则星系。某些特殊星系的外形就像一枚戒指，而有些则体积小、亮度低；还有一些特殊星系，会从其中心向外界喷射物质流。至于那些"有尾巴"的星系，则有可能是受到了附近星系引力的影响。

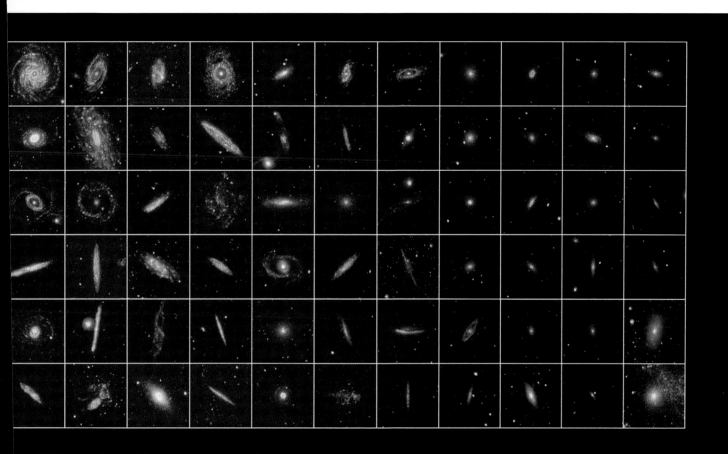

什么是星系团、超星系团？

星系团

在天文学家看来，所有星系都属于某个级别更高、规模更大的星系集合。最小的星系集合是星系群，它通常由20~100个星系组成。比方说，我们所处的银河系，就属于本星系群，这个星系群包括大约50个星系，其直径大约为1000万光年。星系群内包括各种大小的星系，通常来说，其中会包括一两个比较大的星系。在本星系群中，银河系以及仙女星系就是最大的两个星系。

比星系群规模更大的星系集合，被称为星系团。室女星系团是距离银河系最近的星系团，它包含大约1300个星系。迄今为止，后发星系团是人类已知的最为密集的星系团，它包含超过1000个星系，那些星系被压缩成一个直径超过2000万光年的球状星系团。

星系团拥有迥异于单个星系的特征。首先，星系团内部含有大量炽热的星系团气体；其次，与星系不同的是，星系团内气体不会因为新恒星的形成而被彻底耗尽，相反，星系团会紧紧拽住那些星系团气体。天文学家们通过研究星系团气体，就能够确定星系团中恒星核聚变反应形成化学元素的时间和方式；除此以外，研究人员还希望弄清楚化学元素究竟是如何从星系内部的恒星向外界空间运动的。是恒星风将一部分化学元素带入了星系际空间吗？恒星的爆炸过程，是否会炸毁一部分化学元素？

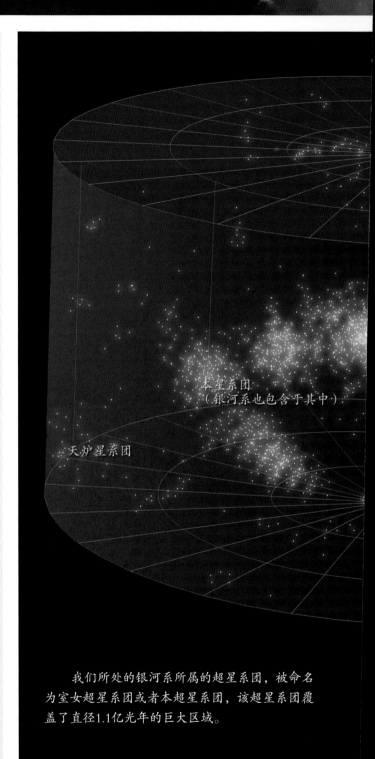

本星系团
（银河系也包含于其中）

天炉星系团

我们所处的银河系所属的超星系团，被命名为室女超星系团或者本超星系团，该超星系团覆盖了直径1.1亿光年的巨大区域。

星系团和超星系团是星系通过万有引力连接在一起的巨大的集群。

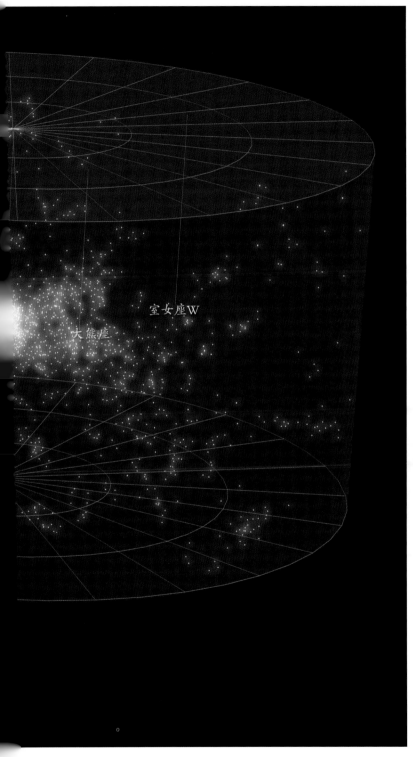

室女座W

大熊座

超星系团

  由星系群和星系团所构成的级别更高、体积更大的宇宙空间结构，被天文学家们命名为超星系团。在宇宙空间中，天文学家们已经发现了大约1000万个超星系团，我们银河系所在的本星系群属于本超星系团，它的另外一个名字是室女超星系团。本超星系团内部总共包含数万个星系，其直径大约为1.1亿光年。实际上，超星系团依然可以聚集在一起并且在宇宙空间中形成更大的结构，其范围可以绵延数亿光年。

  天炉星系团距离地球大约6200万光年。对星系团的观测和研究，有助于天文学家深入剖析它们最终形成于现有位置的真正原因。

什么是纤维状结构、星系长城以及巨洞？

大尺度空间结构

天文学家们发现，宇宙中遍布着各式各样的大尺度空间结构。通过观测、研究浩瀚无垠的宇宙空间，天文家们确认了这些结构的存在。为了便于研究，天文学家将宇宙空间划分成一个个圆饼状切片，某些天文学家甚至将宇宙描述成一个充满肥皂泡的容器。纤维状结构和星系长城是宇宙中的大尺度结构。在它们之间的空旷区域，则被天文学家们称为巨洞。

cfA$_2$长城和斯隆长城是宇宙中两个巨大的结构。其中，cfA$_2$长城是一个由许多星系共同组成的丝状结构，其长度超过5亿光年。而斯隆长城则是一个长度超过10亿光年的由星系组成的巨墙，天文学家之所以给它起这样一个名字，是因为通过研究斯隆数字化巡天项目所提供的数据，天文学家才发现该结构的存在。2000—2008年，参与斯隆数字化巡天项目的天文学家们通力合作，在位于美国新墨西哥州阿帕奇点天文台，利用一台天文望远镜拍摄到大约25%的宇宙空间，其中总共包含约2.3亿个天体。

细微差异带来的巨变

在浩瀚无垠的宇宙空间里，为何

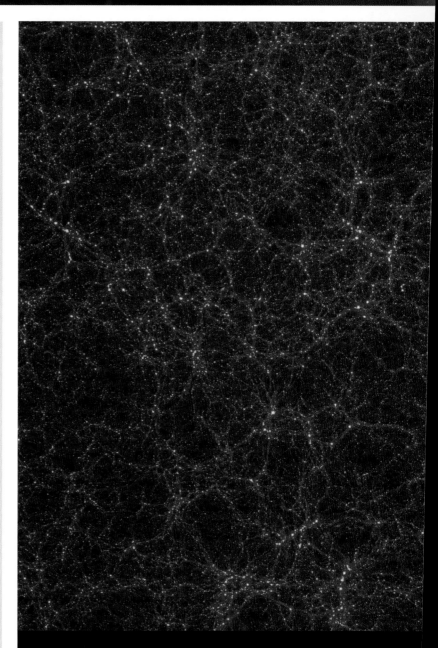

这是一幅由计算机生成的宇宙某一部分的图像，它反映的是26亿光年范围内宇宙空间的情形。星系以亮点的形式出现在物质的纤维状结构（本图中被渲染成橙色）上。纤维状结构之间的空间里则充满着暗能量，这是一个并不为大多数人所理解的能量形式。值得一提的是，暗能量的存在使宇宙的膨胀速度变得越来越快。

纤维状结构、星系长城以及巨洞，是浩瀚宇宙空间中的巨大结构。天文学家们之所以要深入研究这些结构，是为了了解物质和能量在整个宇宙中的分布情况。

物质会聚集成这样大规模的结构？迄今为止，宇宙学家依然在对此进行深入的研究。他们认为，在大爆炸发生之后，物质和能量在宇宙空间中的分布几乎是绝对均匀的。然而关键的问题是，在一个物质和能量分布绝对均匀的宇宙空间里，恒星、星系应该永远都不可能产生。

宇宙微波背景则表明，在宇宙中，物质和能量的分布并非绝对均匀的，实际上不同区域之间还是存在细微差异的。值得一提的

是，在大爆炸发生过后的仅仅38万年，那些原本细微的差异就已经足以影响到宇宙微波背景了。既然宇宙不同区域之间存在着细微的差异，这也就意味着某些区域的万有引力强度要高于其他区域，该区域也因此能够聚集、吸附更多的物质，并最终形成第一批恒星、星系。然而，天文学家们对于在大爆炸之后，宇宙大尺度结构是如何形成的，仍需进一步深入研究。

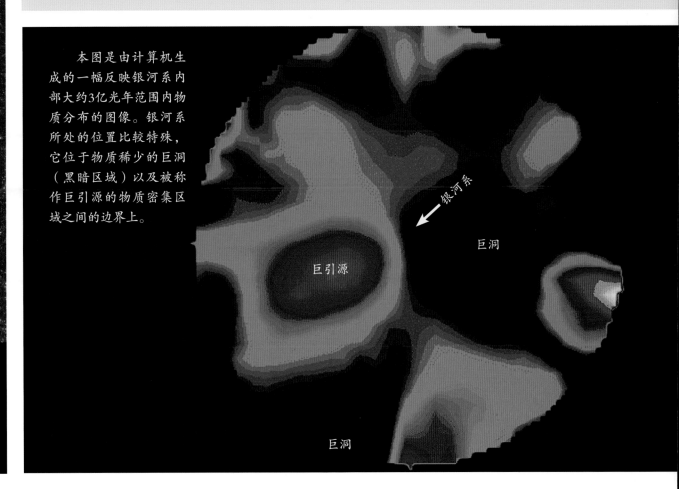

本图是由计算机生成的一幅反映银河系内部大约3亿光年范围内物质分布的图像。银河系所处的位置比较特殊，它位于物质稀少的巨洞（黑暗区域）以及被称作巨引源的物质密集区域之间的边界上。

银河系

巨洞

巨引源

巨洞

莱曼α团块

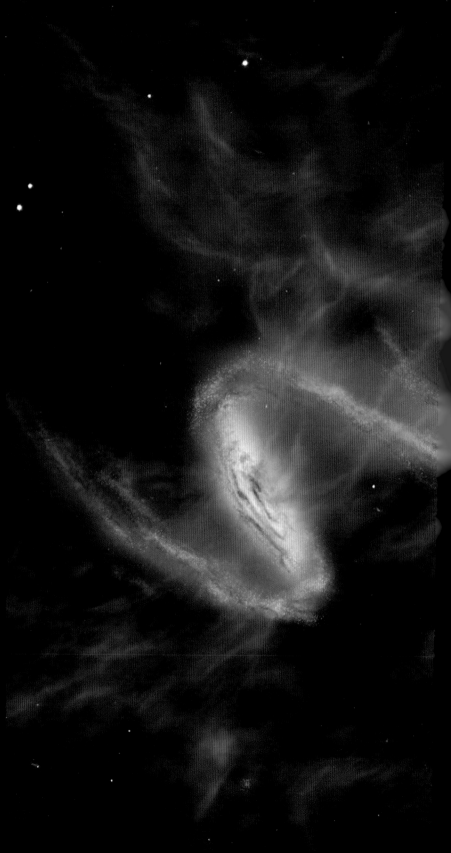

莱曼α团块是一种距离地球非常遥远的云状物质，在天文学家们看来，它堪称是宇宙中最为神秘的存在之一。值得一提的是，这些天体的直径，有可能达到40万光年，其尺度大约是银河系的4倍。迄今为止，人类所发现的这些莱曼α团块，其历史可以追溯到宇宙形成之后最初的20亿年。

天文学家之所以将这一类天体命名为莱曼α团块，是因为它释放莱曼α线。莱曼α线是氢原子的电子从主量子数n=2跃迁至n=1的光谱线，由此天文学家认为这些天体几乎全部由氢气组成。众所周知，恒星、星系主要由氢元素组成，目前科学家们正在研究莱曼α团块，以便了解在最早一批星系形成的过程中，它们发挥出怎样的作用。

这是一幅由艺术家创作的关于 ▶ 莱曼α团块的插图。在合并的过程中，巨大的气体云（橙色）围绕着3个星系（白色）旋转。本图中的3个星系距离地球超过110亿光年，每个星系的亮度都超过太阳的1万亿倍。一种理论认为，莱曼α团块是超级风，它们是大质量恒星爆炸所产生的气体喷发。星系的碰撞引发了恒星的高速形成期，而前述那些爆炸后生成莱曼α团块的恒星，便是在这一阶段形成的。

图中所示的，是某个莱曼α团块在120亿年前的样子（黄色区域），它附近存在一个超大质量黑洞（带有红色光晕的蓝色区域）。天文学家们认为，那个黑洞有可能是照亮周围氢气的能量来源。某一有关莱曼α团块起源的理论认为，莱曼α团块是最早的物质云，它们最终聚集成了最早的一批星系。

万有引力和物质

万有引力是自然界中的四种基本力之一，它是一种作用于有质量物体之间的力。万有引力表现为物体之间相互的吸引力，质量越大的物体，其万有引力越强。除了质量之外，万有引力的强度也取决于物体之间的距离。

所有物体之间都是相互吸引的，而且质量越大的物体，对其他小质量物体的吸引力也就相应地越大。正是在万有引力的作用下，地球以及其他质量远远小于太阳的行星，才会按部就班地以特定轨道围绕太阳进行公转运动；与之同理，之所以在万有引力的作用下月球会围绕地球进行公转运动，也是因为月球的质量远远小于地球。

在我们所处的银河系中，万有引力也将太阳与其他恒星联系在一起。在银河系内，所有恒星都在围绕着星系中心进行运动。天文学家有证据表明，银河系中心地带存在着一个超大质量黑洞。黑洞的万有引力强度是如此强大，以至于连光都无法逃脱它的吸引。天文学家已经确定，这一超大质量黑洞就位于人马座A*，根据其引力对周围恒星所产生的影响，天文学家已经得出结论，该黑洞的质量达到了太阳的400多万倍。

万有引力和宇宙结构

宇宙学家们坚信，之所以宇宙能够发展、演化成为现在我们所看到的样子，万有引力在其中发挥了极为关键的作用。在大爆炸发生之后，物质在宇宙空间中分布

合并中的两个星系虽然相距非常遥远，万有引力也已经在星系之间形成了一座由尘埃和气体组成的"桥梁"。

当星系彼此靠近时，它们的万有引力能够从星系核心处掀起由物质组成的"长尾巴"。

当星系彼此更加靠近时，它们由物质组成的"长尾巴"将会变得更长，星系之间由万有引力产生的相互作用也将会变得更加强烈。

正是由于万有引力的存在，宇宙中的星系、恒星、行星和卫星等各种类型的天体才会有机地结合在一起。实际上，万有引力塑造出了整个宇宙的总体结构。

太阳是太阳系中质量最大的天体。在万有引力的作用下，行星才会围绕太阳进行公转运动。

得非常均匀，然而区域与区域之间依然存在着一些细微的差异。宇宙学家们将这些差异比作"池塘里的涟漪"；而在引力的作用下，更多的物质才会朝着某一物质密度更高的区域聚集。

最终，万有引力塑造出了宇宙的结构，它将物质聚集在一起并且形成了星系团以及超星系团。然而科学家们已经发现，仅凭可见物质相互之间的万有引力，绝对不可能形成我们今天所看到的星系。通过研究万有引力的影响，科学家们已经确定，宇宙中的大部分物质都是一类神秘的、肉眼不可见的物质，他们将这一类物质命名为暗物质。

宇宙碰撞

本图是星系合并过程中6个不同阶段的图像，在每个阶段引力都发挥了它的影响。星系的合并要经历数百万年的漫长岁月。

随着两个星系之间的距离越来越近，碰撞的气体云中形成了巨大、明亮的新生恒星。

越来越多的物质落在了星系的核心区域，它们的温度越来越高，直至向外界释放出红外线。

最终，星系的核心完成了合并，新核心延伸出了由恒星、气体构成的长纤维状结构。

什么是万有引力?

万有引力是由于物体具有质量而作用于物体之间的力。所谓"质量",就是物体所含物质的量。德裔美国物理学家阿尔伯特·爱因斯坦发现,实际上万有引力是空间结构本身的一个弯曲。物体越大,其周围空间的弯曲程度也就越大。物体倾向于朝着空间弯曲的中心区域运动,就好像弹珠总是朝着放置在柔软床垫上的保龄球滚动一样。爱因斯坦还发现,空间和时间并非是相互割裂的,它们实际上共同组成了一个统一体:时空。时空概念的一个奇怪结论就是时间对于运动物体来说比静止的物体要慢。对于大多数人来说,爱因斯坦关于万有引力的理论都是非常奇怪的,尽管如此,该理论已经被许多科学实验所证实。

▶ 质量较小的天体(比如与太阳大小相仿的恒星),其扭曲时空的能力明显弱于那些质量更大的天体(比如中子星)。黑洞所能产生的时空扭曲程度是如此巨大,以至于在特定距离之内,所有物质都会被其吞噬,永远无法逃脱。

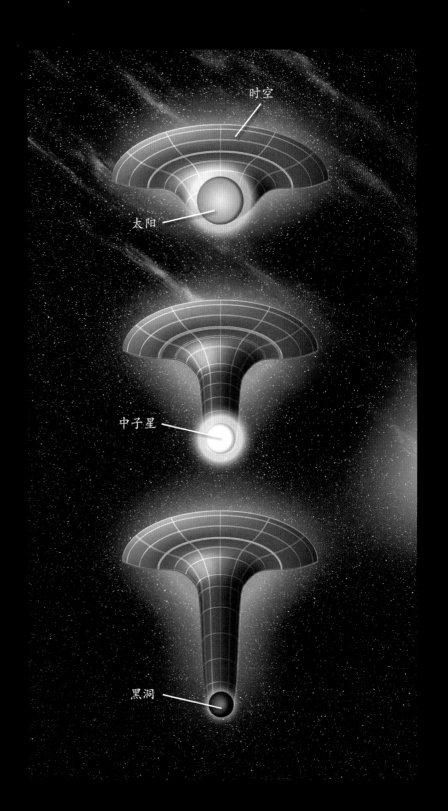

时空

太阳

中子星

黑洞

◀ 这是一幅由艺术家创作的关于引力探测器B的插图。引力探测器B的很多发现，证实了爱因斯坦的预言：类似于地球这样的旋转天体，能够在其旋转方向上轻微地拖曳时空。

▼ 在激光干涉引力波天文台（LIGO）的控制中心，许多监视器记录下了3个探测器所收集到的数据，科学家们设计这些探测器的目的，是为了测量引力波对光束产生的扰动。阿尔伯特·爱因斯坦曾经预言，引力波是由致密天体之间的碰撞以及其他类型的天体在宇宙中的运动所产生的。

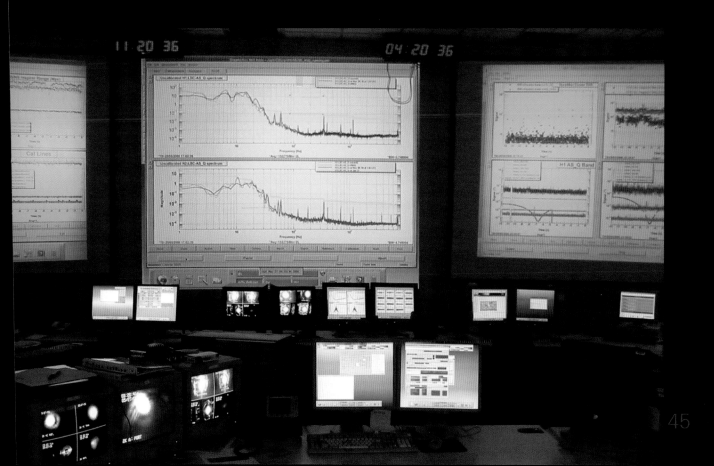

什么是暗物质？

星系如何运动？

瑞士天文学家弗里茨·兹威基注意到，后发星系团中的星系正在以惊人的速度围绕彼此进行运动，也正是从那时开始，天文学家们首次提出了这样一个想法：宇宙中的大部分物质都是不可见的。后发星系团内的星系运动速度非常惊人，而仅凭星系内部所有可见物质的万有引力，它们根本就不可能聚集在一起。1933年，兹威基明确指出，后发星系团内部必定包含某些不可见的物质，正是这一类物质的引力才将星系团聚集在一起。多年以来，越来越多的证据已经证明宇宙中的不可见物质要比可见物质多得多。

寻找答案

科学家们将这一类不可见的物质命名为暗物质，时至今日，他们依然在探索暗物质的性质。某些科学家认为，暗物质是由电中性的低质量粒子组成的，他们将这一类粒子命名为轴子。然而，绝大多数科学家们都坚信暗物质是由弱相互作用大质量粒子（WIMP）组成的。弱相互作用大质量粒子是一种运动速度非常缓慢的粒子，它们只会与其他物质发生微弱的相互作用。大多数科学家们认为，这些粒子可能聚集在星系周围庞大、稀薄的暗物质云中。

迄今为止，科学家们依然没有找到弱相互作用大质量粒子存在的确凿证据，尽管如此，他们已经设计出了探测这类神秘粒子的实验方法。弱相互作用大质量粒子极少与其他物质发生相互作用，因此理论上它们应该能够穿透地

本图是一张合成图，它是由哈勃空间望远镜、钱德拉X射线天文台所获得的数据合成的。在由两个星系团碰撞形成的巨大星系团（在本图中被渲染成了粉红色）周围，围绕着暗物质云（在本图中被渲染成了蓝色）。这样的碰撞减缓了星系团中可见物质的运动速度，然而这一过程却无法减缓周围暗物质的运动速度。

你知道吗？

与普通物质不同的是，暗物质无法释放、反射和吸收光。通过暗物质与可见物质之间的万有引力作用，科学家们已经对这一类特殊的物质进行了探测和研究。

暗物质是一种神秘的、不可见的物质形式，这一类物质大约占到了宇宙物质总量的85%。

球。我们这颗行星能够阻挡住绝大多数类型的粒子，因此科学家们在地底深处建造了探测器，他们希望在不受其他粒子干扰的情况下探测到弱相互作用大质量粒子的存在。其他一些科学家则寄希望于当少数弱相互作用大质量粒子发生相互作用甚至是相互湮灭时，能够寻找到这一类粒子所释放出辐射的证据；甚至有一些科学家还希望，通过欧洲大型强子对撞机这样的粒子加速器，能够"创造出"弱相互作用大质量粒子。

引力透镜

一种名为引力透镜的现象，为暗物质的存在提供了强有力的证据。在光线从类星体射向地球的过程中，星系的引力在光的路径上能够发挥类似于透镜的作用，它的存在能够让光线发生弯曲。因此，地球上的天文望远镜所收集到的光线，似乎来自于两个截然不同的被观测目标（左下方插图）。而当一个星系团在光线的传播过程中发挥引力透镜的作用时（右下方插图），光线的弯曲程度将会变得更高，这直接导致那些距离地球异常遥远的天体在天文望远镜中呈现出一圈图像（图中蓝色物体）。实际上，星系团中可见物质的万有引力并不足以产生这种透镜效应，这一事实足以证明，暗物质的确存在于星系团中。

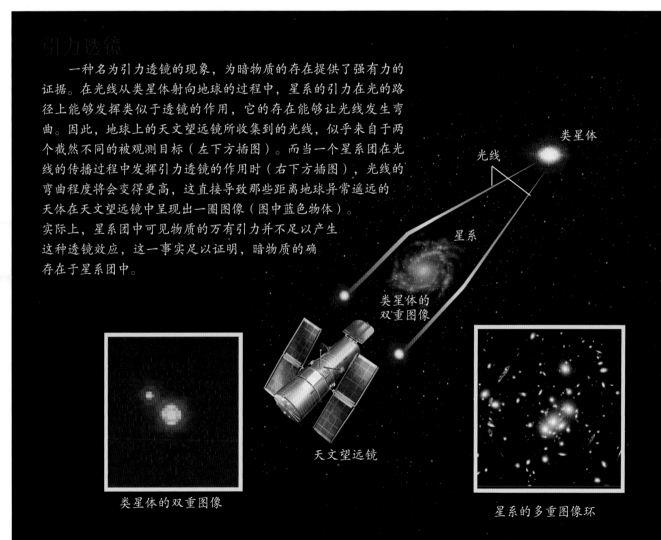

类星体

光线

星系

类星体的双重图像

天文望远镜

类星体的双重图像

星系的多重图像环

什么是暗能量？

1572年，第谷超新星出现在地球的天空中，那是一次典型的超新星爆发。天文学家用Ⅰa型超新星作为"标准烛光"，他们借助这一概念观测宇宙的膨胀速度。

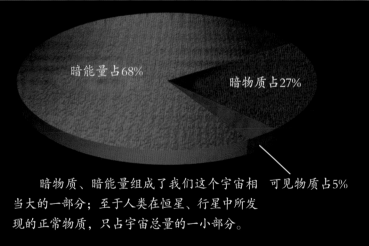

暗能量占68%

暗物质占27%

可见物质占5%

暗物质、暗能量组成了我们这个宇宙相当大的一部分；至于人类在恒星、行星中所发现的正常物质，只占宇宙总量的一小部分。

暗能量的线索

1929年，美国天文学家埃德温·P.哈勃发现，宇宙依然处在膨胀的过程中。最初，科学家们希望能够找到确凿的证据，以证明宇宙中所有物质之间的万有引力正在与宇宙的膨胀进行对抗，从而逐渐减缓其膨胀速度。

然而到了1998年，科学家们却得到一个惊人的发现。当时，天文学家们深入研究了发生在很多年以前的超新星爆发，那些爆炸的恒星距离地球大多都非常遥远。在对超新星爆发的图像进行分析、研究之后，天文学家们发现，某些特定的超新星爆发都达到了一个相同的强度峰值。天文学家将这一类超新星爆发的亮度定义为标准烛光。通过测量超新星爆发所发出的光的红移（光向波长更长一端移动）程度，天文学家们发现了一个强有力的证据，该证据充分证明，早在50亿年以前，宇宙的膨胀就已经开始加速了；而随后专门针对宇宙微波背景和宇宙大尺度结构的研究结果，则再次证明了这一令人震惊的结果。

科学家们意识到，在宇宙当中，某种未知的能量源加速了宇宙的膨胀过程，研究人员将这种神秘的能量称为暗能量。值得注意的是，宇宙膨胀的加速度已经证明，大约有68%的宇宙是由暗能量组成的。

暗能量的存在，导致宇宙的膨胀速度越来越快，然而迄今为止，科学家们对于暗能量的一切依然知之甚少。

哈勃空间望远镜见证了一场"宇宙拔河比赛"

哈勃空间望远镜的观测结果显示，从早期宇宙开始，暗能量和暗物质就一直在相互"角力"。具体来说，暗能量促使宇宙进一步膨胀，而暗物质则使可见物质聚集在一起。在大约50亿年前，由于某些迄今为止尚且无法解释的原因，暗能量"力压"暗物质并且占得了上风，其结果就是，宇宙膨胀的速度越来越快。

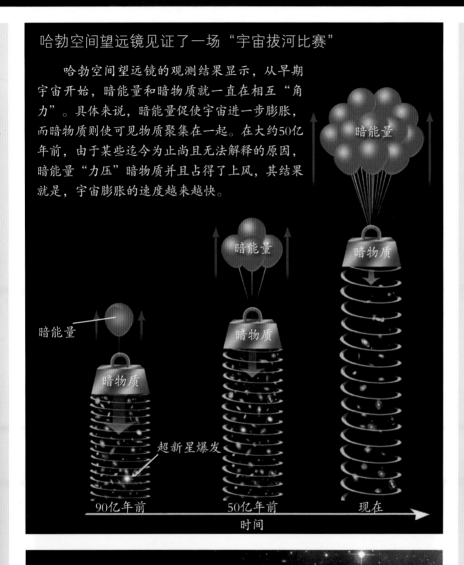

暗能量

暗能量

暗能量

暗物质

暗物质

暗物质

超新星爆发

90亿年前　　　50亿年前　　　现在

时间

你知道吗？

宇宙的膨胀，并不会导致某一特定天体内物质的膨胀。具体来说，原子和分子之间的引力是形成天体的最重要因素。万有引力的存在，阻止了星系内部恒星与恒星之间的相互远离；当然，星系与星系之间的确是处在相互远离的过程中。

什么是暗能量？

科学家们已经提出了暗能量这一概念，然而迄今为止，他们对这种能量依然知之甚少。针对暗能量，物理学家已经提出了许多理论。其中的一种理论认为，宇宙空间中充满了被称为宇宙学常数的能量。宇宙空间中各处的宇宙学常数都是相同的。按照该理论，宇宙空间之所以会向四面八方膨胀，是因为宇宙学常数在向各个方向施加压力；而随着宇宙空间的膨胀，该常数的总能量也随之增加。然而令人失望的是，曾经有科研人员试图用数学推导的方式来解释宇宙学常数，可惜他们的尝试以失败告终。

另外一种理论则认为，宇宙膨胀的加速度是由一种名为精质的能量场所引起的。精质与宇宙学常数大体相似，不过其具体数值随时间和空间的变化而变化。

还有一些科学家们认为，在一个非常大的尺度范围下，时空本身的性质有可能会发生改变。然而，这一理论与爱因斯坦所提出的广义相对论矛盾。而众所周知的是，广义相对论的正确性已经被许多科学实验所证实。

什么是星座？

历史最为悠久的"天空组织"

当你仰望夜空时，你或许很难说出某颗星星和另外一颗星星之间的区别，为了解决这个问题，古人（比如古希腊人、古罗马人）找到了一种划分夜空区域，增强星星辨识度的方法。古人注意到，在夜空中，某些星星的组合与很多图案非常类似，因此他们便将那些星星的组合假想成某些图案。古希腊人以神话中的英雄来命名这些虚构的图案，比如猎户座、仙女座；另外一些星座则是以动物的名字来命名的，比如狮子座、金牛座。从15世纪至18世纪，欧洲探险家们先后发现了南半球的几个大陆，按照之前的方法，他们也将南半球的夜空划分成若干个星座。当时的那些探险家们，用科学设备和动物的名字来命名那些星座，比如望远镜座、苍蝇座等。

大熊座是北半球最常见的星座之一，其内部的7颗恒星组成了大名鼎鼎的北斗七星。

在地球的夜空中，星座似乎在不停地移动。实际上，这种移动是由地球的自转引起的。

所谓星座，指的是天空中某一区域内的一组恒星。在全天共有88个星座。

这是南半球夜空中极为常见的南十字座，在该星座中，恒星十字架三指向半人马座α星（图中箭头所示位置的浅黄色恒星）的方向。值得一提的是，半人马座α星是距离地球最近的恒星系统。

由于地球自始至终都处在自转的状态中，因此星座看起来似乎是在不停地移动。此外，星座在夜空中的具体位置也会随着地球上四季的更替而改变，从本质上来说，星座位置的改变是由地轴的倾斜引起的。

星座的用途

古人创作了很多有关于星座的故事，其中绝大多数都描述的是英雄与神祇之间的斗争。由于星座的位置随着季节的更替而改变，因此古人也用它们来编制历法。比如古人可以根据某些星座位置的改变，来决定春种秋收的具体时间节点。

对于天文学家以及海员来说，星座具有非常重要的现实意义。因为通过星座，这些行业的从业人士能够记住某颗重要恒星的具体位置，这对他们来说非常关键。比如，小熊座是北半球夜空中一个酷似长柄勺子的星座，而北极星则是该星座尾部的最后一颗恒星。在相当长的一段历史时期内，海员们都利用北极星在北半球的海洋中给航行定位。这是因为，北极星在地球北极的上空，通过观测夜空中北极星的高度，海员们就可以计算出航船所在的纬度。而对于现在的天文学家来说，在与同行进行讨论时，他们可以使用恒星和星座的名称来帮助对方确定讨论目标在夜空中的具体位置。

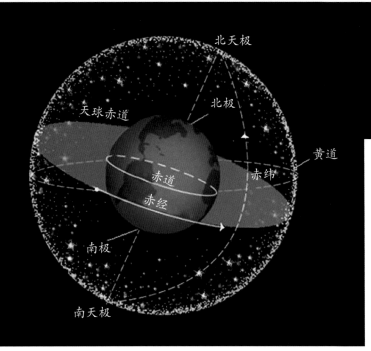

北天极

北极

天球赤道

黄道

赤道

赤纬

赤经

南极

南天极

天球的理论基础，建立在所有恒星与地球之间的距离都相等这一古代假设之上。今天我们都已经知道，不同恒星与地球之间的距离是千差万别的，然而即便如此，天球依然为科学家们提供了一种定位天空中恒星的方法。

古希腊人发明了天球系统，他们相信这个天球是真实存在的。古希腊人甚至认为，天堂也是由几个相互嵌套的球体所共同组成的。在古希腊人的天球系统中，有些球体上"镶嵌"着太阳、月亮以及其他行星，有些球体上"镶嵌"着更多距离地球非常遥远的恒星。现在我们都知道，在宇宙空间中，每一颗恒星都占据着一个独一无二的、专属于它自己的位置。虽然天球系统存在着较大的谬误，然而从某个角度上说，该系统依然是有价值的。

天球系统的相关概念

按照天球系统，地球位于天球的中心，而北天极（地轴与天球在北方的交汇点）、南天极（地轴与天球在南方的交汇点）则分别位于地球的北极和南极上空，并且向外延伸至宇宙空间。至于天球赤道，则是地球赤道平面与天球的交界线；而黄道则是一天时间内太阳在天球上的

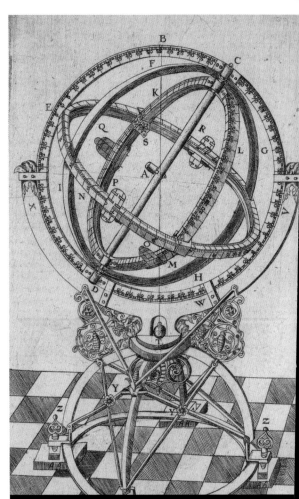

1598年，丹麦天文学家第谷·布拉赫出版了自己的天文学著作《新天文学仪器》，书中有一张由他本人设计的天球模型图像。通过这一模型，第谷展示了太阳和行星围绕地球进行转动的情形。

天球是一个假想的球体，它囊括了整个宇宙。自古以来，人们一直都在通过天球来定位天空中的天体。

丹麦天文学家第谷·布拉赫（1546~1601年）是最后一批只能凭借肉眼来观测宇宙的天文学家之一。在创作于1578年的这幅插图中，大家可以看到第谷·布拉赫在进行天文观测。

假想运行轨迹。由于太阳的运行轨迹每天都会发生一定的改变，因此黄道也在一年中日复一日地移动。

天球的用途：定位宇宙中的天体

由于地球在不断地运动，因此当观测者在地面观测天体时，会感觉观测目标也在运动。天文学家可以利用天球来追踪、定位宇宙中的天体。在天球上，每一颗恒星都有一个永恒不变的位置，因此利用天球坐标系，天文学家就能够在天球上定位恒星以及其他天体的位置。天球坐标系包括两个坐标参数：赤经和赤纬。一如天球上的其他各种概念，天球坐标系在地球上也有其对应的概念，具体来说，赤经对应地球上的经度，赤纬则对应地球上的纬度。

你知道吗？

当从地球的北半球观测星空时，观测者会发现，星星围绕着天球的北极进行逆时针转动；而从南半球观测星空时，观测者会发现，星星围绕着天球的南极进行顺时针转动。

天文学家如何绘制宇宙地图？

巡天计划

　　自古以来，天文学家一直都在观测天空。通过识别恒星的特征，将恒星分组并命名星座，古代天文学家绘制出了宇宙的第一张地图。在20世纪30年代之前，天文学家已经绘制出了数千个星系的位置。然而，所有的这些地图都是二维的，它们无法准确地显示出恒星与地球之间的距离。

　　为了给宇宙绘制出一幅三维的地图，天文学家们将望远镜长时间对准天空中的某个区域。众所周知，望远镜观测天空中某个区域的时间越长，它所收集到的该区域内遥远天体所发出的光就越多。帕洛玛巡天开始于20世纪40年代末，该巡天计划一直持续到20世纪50年代，这也是人类现代历史上首次实施巡天计划。当时，帕洛玛巡天使用了一架光学望远镜来收集可见光。而在那之后实施的巡天计划中，天文学家使用空间望远镜以及卫星来收集遥远天体所释放出来的不同形式的电磁辐射，比如无线电波、红外线、紫外线、X射线和伽马射线等。

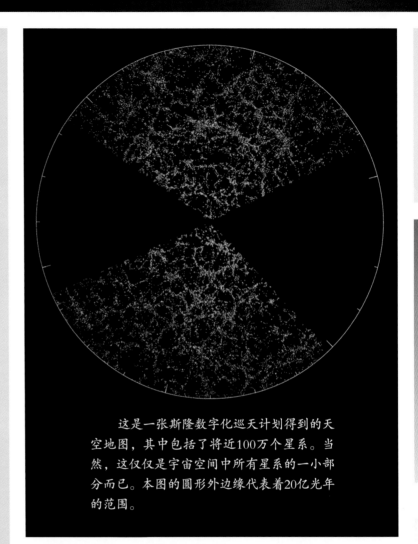

这是一张斯隆数字化巡天计划得到的天空地图，其中包括了将近100万个星系。当然，这仅仅是宇宙空间中所有星系的一小部分而已。本图的圆形外边缘代表着20亿光年的范围。

你知道吗？

　　现在的某些星座，起源于大约公元前2000年苏美尔人对于天空的理解和认知。中国的星座模式与欧洲的星座模式大不相同，但是中国星座模式同样能够追溯到大约公元前2000年。

天文学家运用许多工具来绘制宇宙地图，其中，用天文望远镜来观测宇宙并测量天体的红移程度是目前最有价值的研究方式。

红移

　　自从大爆炸以来，宇宙在过去138亿年的漫长岁月中一直在不断地膨胀。当光在宇宙空间中传播时，宇宙的膨胀会将其波长拉长，这种现象被科学家们命名为宇宙学红移。通过测量光红移的程度，天文学家们就可以大体计算该光在宇宙空间中传播的时间和距离。举例来说，130亿年以前由某个星系所发出的可见光，能够表现出强烈的红移现象：在宇宙空间不断膨胀这一事实的影响下，该光被拉伸的程度极高，它以红外线和无线电波的形式抵达地球。

在位于美国加利福尼亚州的斯坦福大学里，The Dish射电望远镜是天文学家用来绘制宇宙地图的众多望远镜之一。The Dish射电望远镜的直径为46米，它的质量达到了136吨。

宇宙的三维图像

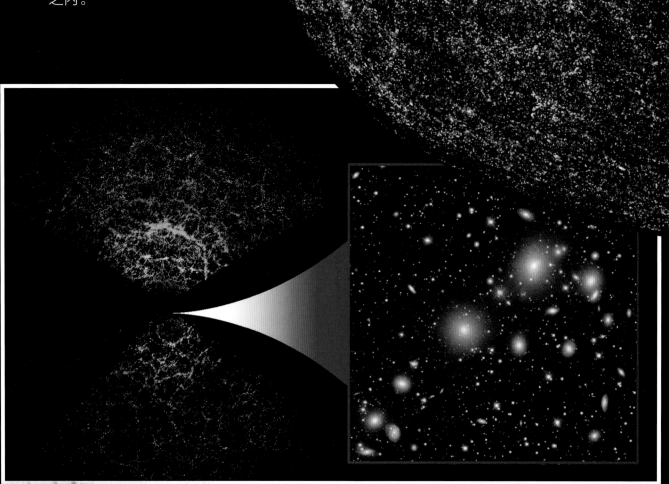

　　天文学家们曾经认为恒星都"固定"在天球上，不过现在所有人都清楚了，在三维的宇宙空间中，恒星、星系都拥有各自独一无二的位置。科学家们刚刚开始着手绘制由数千亿个星系所组成的宇宙地图，这些星系分布在可观测宇宙——人类用肉眼或者借助天文望远镜所能观测到的宇宙——的边界范围之内。

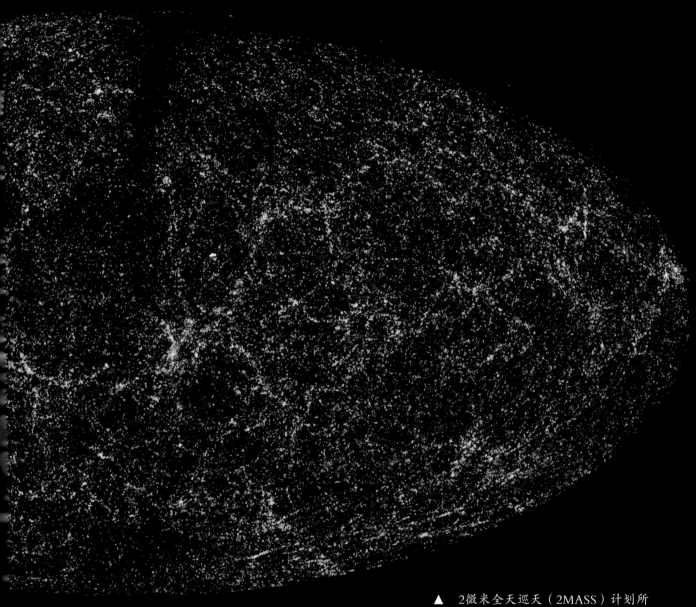

◀ 图右半部分，天文学家们在二维图像中观测星系所发射光的红移程度，以绘制出星系团的三维地图；而图左半部分则是斯隆数字化巡天所得到的结果。这些地图充分证明，宇宙空间中的结构是由暗物质和暗能量塑造而成的。

▲ 2微米全天巡天（2MASS）计划所得到的结果显示，星系并非简单地随机分布于宇宙空间中。相反，来自于暗物质的万有引力，将星系与星系束缚在一起，并且形成了星系团和超星系团。然后超星系团形成了横跨数亿光年空间范围的星系长城。

星系内部的运动

单个恒星、星系都在进行自转。在太阳系中，所有行星都在特定轨道上围绕太阳进行公转运动。同时太阳系也在特定轨道上围绕银河系的中心进行运动，每2.5亿年，太阳系能够完成一次公转。在旋涡星系和椭圆星系中，所有恒星都会围绕星系的中心进行轨道运动。

星系的运动

在星系群和星系团中，所有星系都围绕着一个共同的万有引力中心进行运动。我们所处的银河系是本星系群中的一个组成部分，在这个星系群中，银河系和仙女星系是两个最大的星系。值得关注的是，在本星系群中，很多星系都在进行着相向的运动，在未来数十亿年的时间里，星系之间甚至有可能会相撞。星系群和星系团本身也在宇宙空间中不停地运动，比如，本星系群便在本超星系团中进行运动，本超星系团包含大约100个星系群和星系团。至于超星系团，实际上也都在宇宙空间中进行着运动。

巨引源

在我们所在的这个空间区域内，所有星系都在以每小时225万公里的速度，朝着被称为巨引源的巨大物质聚集区域移动。找到巨引源是一项难度非常高的工作，因为它隐藏在银河系中心区域的背后。实际上，巨引源甚至有可能不止一个。值得一提的是，银河系及其附近的星系，受到了6.5亿光年之外某些神秘力量的拉扯，这个距离约是银河系和巨引源之间距离的4倍。现在看来，6.5亿光年外的神秘拉力似乎来自于沙普利超星系团。有趣的是，即便是巨引源，也受到了沙普利超星系团的影响。

速度是一个相对的概念

● 太阳系以每秒240公里的速度围绕银河系中心进行公转运动。

● 在本星系群内部，仙女星系和银河系以每秒121公里的速度相互靠近。

● 我们所处的本星系群，正在以每秒604公里的速度，向着巨引源移动。

随着宇宙空间本身的膨胀，单个的恒星、星系也在进行着相对运动。

银河系以及数亿光年范围内的所有其他星系，都在朝着巨引源移动。科学家们很难对巨引源进行深入的研究，这是因为它隐藏在我们所在的这个星系（银河系）中央圆盘的背后。天文学家们预测，巨引源很有可能是一个非常古老、非常巨大的超星系团，它是某个更大宇宙空间结构的组成部分。

一切都还悬而未决

似乎宇宙中所有的星系都在远离银河系而去；与此同时，其他星系之间的距离也都在不断变大。这一事实，是由宇宙空间本身的不断膨胀所引起的。我们可以将宇宙空间想象成一块内部点缀有葡萄干的面包。在面点师和面制作这块面包时，葡萄干在生面团内部是紧紧挤在一起的。而当面点师将生面团送入烤箱烘烤时，面团会膨胀变大；而在面团内部，葡萄干本身无法进行独立运动，因此它们之间的距离肯定也会因为面团的膨胀而变大。与之同理，宇宙本身在不断膨胀变大，因此星系与星系之间的距离当然也会变得更加遥远。

- 以"本超星系团"中心为参照，星系团内部的星系都在以高于每秒1497公里的速度进行运动。
- 以宇宙微波背景为参照，本超星系团正以每秒626公里的速度在宇宙空间中飞驰。

哈勃常数

哈勃常数描述了遥远星系的明显运动，通过测量那些星系所发射光的红移程度，科学家们就可以计算出它们与地球之间的距离。

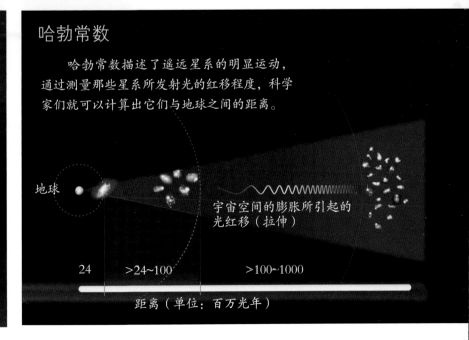

地球

宇宙空间的膨胀所引起的光红移（拉伸）

24   >24~100   >100~1000

距离（单位：百万光年）

宇宙将以何种方式终结？

稳定状态？

某些科学家曾经认为，宇宙是永垂不朽的。根据宇宙恒稳态理论，宇宙既没有开始，也永远不会结束。为了平衡宇宙空间的不断膨胀，物质源源不断地以无中生有的方式被创造出来。然而令人遗憾的是，宇宙恒稳态理论并不正确。随着距离地球异常遥远的类星体被发现，科学家们已经得出结论：与过去相比，现在的宇宙已经发生了巨大的改变。而宇宙微波背景的发现，也为宇宙起源于大爆炸这一说法提供了强有力的证据。

大挤压理论

科学家们曾经认为，万有引力将最终阻止宇宙空间的膨胀，在那之后宇宙会从膨胀转为收缩，届时所有物质都会在被宇宙学家称为大挤压的过程中重新聚集在一起。某些天文学家认为，大挤压还有可能会引发另外一次大爆炸，而整个宇宙将会彻底从头再来。然而，科学家们发现暗能量能够加快宇宙的膨胀速度，该发现直接导致绝大多数科学家都不再认同大挤压理论。

大冻结理论

如果宇宙不会在一次巨大的碰撞中聚集在一起，那么所有恒星最终都会耗尽它们的燃料，它们将不会继续闪烁。在那之后，宇宙将变得寒冷、黑暗。

大撕裂理论

根据某些宇宙学家所创建的理论预测，暗能量会导致他们所说的大撕裂产生。根据这种预测，暗能量将会使宇宙的膨胀速度变得越来越快，这一快速膨胀的过程，极有可能会逆转万有引力的结果。由此，星系团有可能会彻底解体，而恒星也将会被拽离其原来所处的星系。最终，分子和原子也将重新分裂成为当初形成它们的亚原子粒子，而我们所熟知的宇宙，则将彻底消散成为一片薄雾。

早在宇宙毁灭之前，太阳就将会变成一颗红巨星，届时它会变得越来越大，甚至有可能吞噬掉地球。幸运的是，在未来50亿年的漫长岁月里，太阳都不会变成一颗红巨星。在宇宙最终的命运到来之前，太阳还能燃烧数十亿年。

三种可能的未来

　　在科学家们确定暗能量的性质之前，宇宙的未来依然是充满不确定性的。根据暗能量的实际性质，宇宙的未来至少存在以下三种截然不同的可能性。

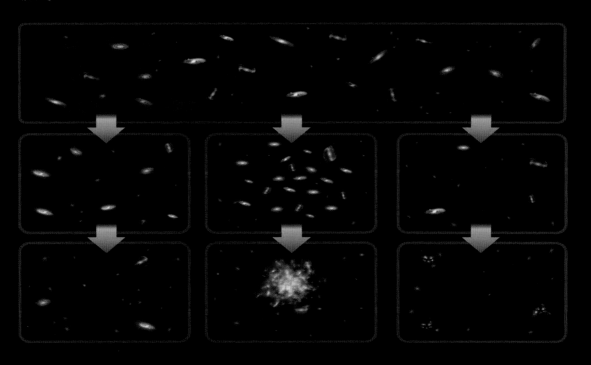

大冻结

　　如果暗能量的密度保持不变的话，那么宇宙将会以一个恒定的加速度继续膨胀，星系之间的距离也将因此而变得越来越遥远，以至于在大约1000亿年之后，身处银河系内部的观测者将几乎看不到任何其他星系。

大挤压

　　如果暗能量的密度下降到一个足够低的标准，那么在接下来大约1000亿年里，引力将会把所有星系拉到一个足够近的距离，并且引发一场大挤压。在那之后，宇宙将重新经历另外一次大爆炸。

大撕裂

　　如果暗能量的密度继续增加，那么宇宙膨胀的加速度也将不断增加。在大约500亿年之后，每一个星系都将会被撕裂。在这种情况下，甚至连原子本身也有可能会被撕裂。